작지만 실속 있는
My 싱글룸
인테리어

작지만 실속 있는
My 싱글룸
인테리어

2010년 9월 17일 1판 1쇄 발행
2011년 5월 10일 1판 2쇄 발행

지은이 유미영
펴낸이 이종춘
펴낸곳 BM 성안당
주소 경기도 파주시 교하읍 문발리 출판문화정보산업단지 536-3
전화 031-955-0511
팩스 031-955-0510
등록 1973. 2. 1. 제13-12호
수신자 부담 서비스 080-544-0511
출판사 홈페이지 www.cyber.co.kr
도서 내용 문의 yamoo2100@hanmail.net

ISBN 978-89-315-7486-9
정가 13,500원

이 책을 만든 사람들·
책임·진행 최동진
기획 想 company
구성·편집 박상희
진행 한정은
북 디자인 想 company
사진촬영 정재환(O스튜디오)
일러스트 박소윤
홍보 박재언
제작 구본철

작지만 실속 있는

My 싱글룸
인테리어

BM 성안당

탄탄한 경제력을 바탕으로 자유를 만끽하며
자신에게 투자를 아끼지 않는 싱글족.

"그들은 자신만의 공간이 온전한 휴식 공간이면서도
주말에는 친구들을 초대해 캐주얼한 파티를 즐길 수 있는 스타일리시한 공간이기를 원한다.
자신의 룰과 의지대로 인테리어하고,
라이프스타일에 따라 개성을 채우는 싱글하우스의 모든 것!"

book point

point 1

이 책을 보는 법

책을 보기에 앞서 몇 가지 노하우를 터득하면 이 책을 더욱 쉽고 재미있게 볼 수 있다.
이 책은 '실제 싱글하우스를 소개하는 코너'와 '싱글하우스를 꾸미기에 유용한 노하우' 등 크게 두 가지
파트로 구성되어 있다. 전자에서는 각기 다른 컨셉트로 꾸며진 9곳의 싱글하우스를 만나볼 수 있으며,
후자에서는 싱글들에게 유용한 DIY · 수납법 · 쇼핑 사이트 등을 소개하고 있다.

각각의 특징을 한 눈에 알 수 있는 키워드

9곳의 싱글하우스는 집주인의 개성과
라이프스타일에 따라 꾸며졌다. 어떤
스타일로 꾸며졌는지, 또는 각각의 집을
홈드레싱할 때 주안점이 무엇이었는지를
소개된 키워드를 통해 한 눈에
알 수 있다. 총 9가지 키워드를 소개했고,
해당 집의 키워드는 좀 더 크고
굵은 서체로 표시했다.

집주인과 집에 대한 간략한 소개

각각의 집과 집주인의 성향을 알기 쉽게
설명했으며, 어떤 문제점을 어떤 방법으로
극복했는지를 간략하게 설명한다.

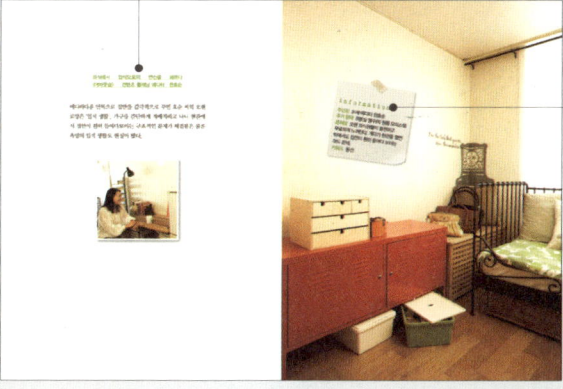

**필요한 내용을 함축적으로
설명한 인포메이션**

집주인 소개와 주거 형태,
문제점, 키워드 등을 소개해
이 부분만 읽어도 이 집의
문제점과 집주인의 스타일,
어떤 방법으로
해결했는지 등을 알 수 있다.

**문제점을 알 수 있는
비포 사진&설명**

집주인이 그동안 어떤
모습으로 살아왔는지를
알 수 있고, 어떤 문제점이
있는지를 짚어볼 수 있다.

해결책을 제시한 애프터 사진&설명

이 집이 전체적으로 어떤 변화를 통해 문제점을
해결했는지를 사진과 설명을 통해 알려준다.

빠꼼언니의 어드바이스

이 책의 저자인 인테리어 스타일리스트 유미영이 제시하는
명쾌한 해답을 볼 수 있는 코너이다. 각각의 집에 맞게 싱글들이
알아두면 유용한 스타일링 및 수납, 쇼핑 정보들을 알려준다.

집을 꾸밀 때 쓰인 소품 소개

이 집을 꾸밀 때 유용하게 쓰였던
소품을 소개한다. 해당 소품이
어떤 장점이 있는지, 어떤 브랜드의
제품인지도 함께 소개했다.

바뀐 점을 한 눈에
알 수 있는 조형도

일러스트 조형도와 설명을 통해
이 집의 어떤 문제점이 어떻게
개선됐는지를 좀 더 자세히 설명하고
있다. 각 집마다 세 가지 정도의
큰 변화를 일목요연하게 짚어준다.

원래 구조를 알려주는
비포 조형도

집이 바뀌기 전의 상황을 알 수
있도록 원래 구조를 보여주는
일러스트 조형도를 함께 실었다.

point 2

이 책을 보는 법

싱글하우스를 꾸밀 때 우선적으로 고려되는 것이 비용이다.
집을 꾸미기 전 동선 및 원하는 바를 체크하고, 필요한 소품 리스트를 정리한다.
이렇게 하면 금액은 최소로 줄이면서, 실패 없이 원하는 스타일로 꾸밀 수 있다.

가격 정보

각 집을 꾸미는데 필요한 소품 구입처와
가격을 알려주는 정보 코너로, 가구와
패브릭부터 데코 소품까지 구입처와 가격을
상세하게 설명한다. 각 집은 싱글들이
따라하기에 부담이 없도록 30만원
내외의 비용으로 꾸며졌다.

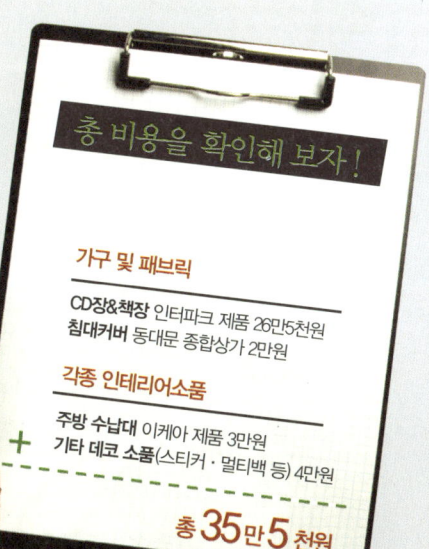

총 비용을 확인해 보자 !

가구 및 패브릭

CD장&책장 인터파크 제품 26만5천원
침대커버 동대문 종합상가 2만원

각종 인테리어소품

주방 수납대 이케아 제품 3만원
+ 기타 데코 소품(스티커 · 멀티백 등) 4만원

총 **35만5천원**

point 3

이 책을 보는 법

이 책의 뒤페이지에는 싱글들이 알아두면 유용하게 쓰일 DIY · 수납 · 쇼핑 노하우를 소개한다. 남의 손을 빌리지 않고 저렴하게 집안을 꾸밀 수 있는 DIY 노하우, 좁은 싱글하우스를 좀 더 넓게 사용할 수 있는 수납&정리 노하우, 에지 있으면서 결혼해서도 계속 사용할 수 있는 실용적인 쇼핑 노하우를 선보인다.

상세한 사진과 설명을 곁들인 DIY

완성된 사진과 함께 과정을 일일이 사진으로 설명해 쉽게 따라할 수 있도록 구성했다. 하늘색 팁 박스에는 DIY할 때 반드시 알아둬야 할 내용들이나 제품 구입처 등을 소개하고 있다.

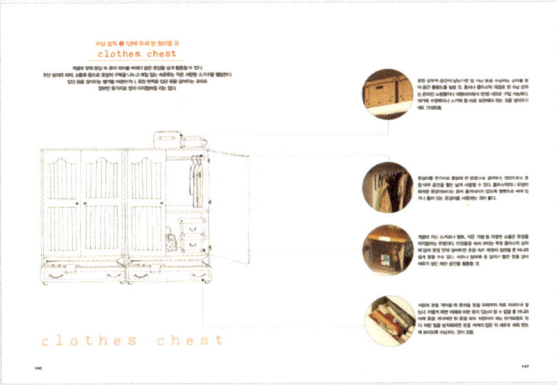

일러스트와 사진으로
설명하는 수납 노하우

옷장·책상 및 책장·주방 싱크대·
욕실 등 장소에 따라 각각 유용한
수납&정리 팁을 일러스트와 세부
사진을 통해 설명하고 있다.

싱글들에게
유용한 쇼핑 사이트

싱글하우스에 필요한 가구,
패브릭, 데코 소품 등을
판매하는 쇼핑 사이트를
소개한 페이지. 각각의 쇼핑
사이트의 특징을 일목요연하게
정리했으며, 대표 상품 소개와
가격도 알려준다.

prologue

나의 첫 싱글룸!

결혼은 필수가 아니라 선택이 된지 오래다. 골드 미스가 대세이
며, 파리나 뉴욕처럼 결혼을 원하지 않는 독신남도 늘고 있다. 이
뿐만 아니다. 현대 사회는 이혼하는 부부가 많은데다가 기러기 아
빠처럼 일시적인 1인 가족의 형태가 증가하면서, 대가족에서 핵가
족으로 진화한 가족 형태가 이제 싱글 가족으로 변화하고 있다.
즉, '싱글(Single)족'이 늘고 있는 것이다.

결혼을 못해 주변의 시선을 의식하고 가족들을 걱정시키던 구박
덩어리에 불과했던 이전의 독신들과 달리 요즘 싱글족은 탄탄한
경제력과 안정적인 직업 등을 갖추고 자신만의 독신 문화를 만끽
한다. 싱글족은 일에 대한 만족에 높은 가치를 두고 있으며, 성공
을 위한 노력과 자신을 가꾸는 일을 게을리 하지 않는다. 경제적
인 면에서도 상대적으로 여유로워 새로운 제품을 구매하고자 하
는 욕구가 높고, 자신을 위한 약간의 사치도 아까워하지 않는다.
또한 즐거운 여가를 위해 투자할 준비가 돼 있기도 하다. 싱글족의
또다른 특징은 자신의 집이 온전한 휴식공간이기를 원하면서도
주말에는 파티 공간으로 활용할 수 있기를 원하는 것이다. 때문에
인테리어에도 관심이 많고, 데코 소품을 쇼핑하는 것도 좋아한다.
무엇보다 혼자 살아도 갖출 것은 다 갖추고 싶어 하는 것이 그들
의 성향이다. 혼자 사는 그들에게 필요한 것은 무엇이고, 불필요

한 것은 무엇일까? 에너지를 절약하는 1인 가전제품, 침대와 소파의 기능이 함께 있는 아이디어 가구, 결혼을 하게 돼도 버리지 않고 사용할 수 있는 실용적인 제품 등 싱글족에게 필요한 스타일리시한 소품들을 어디서 구입할 수 있는지가 이 책에 담겨 있다. 또한 각기 다른 성향을 가진 9인의 싱글하우스를 통해 혼자 살기에 적합한 구조와 집을 실용적으로 꾸미는 노하우, 스타일리시한 데코 팁을 공개하며, 이제 갓 싱글라이프를 시작한 초보 싱글들이나 바쁜 생활에 집안 정리를 하지 못하는 싱글족을 위한 수납&정리 노하우도 공개한다.

싱글하우스를 위한 데코 아이디어

싱글의 최대 장점은 마음껏 자유를 누릴 수 있다는 것이다. 혼자 살기 때문에 마음대로 할 수 있고, 누구의 잔소리도 듣지 않는다. 하지만 이 때문에 집이 늘어지고 생활의 질서가 없어지기도 쉽다. 좁은 싱글룸은 동선과 수납만 신경 쓰면 별다른 인테리어 소품 없이도 깨끗하게 정리할 수 있다. 요즘에는 심플하면서도 유머러스한 디자인이나 컬러로 포인트를 가미한 디자인의 소품이 대세로, 이를 이용하면 스타일리시한 연출도 가능하다. 또한 싱글족이 많은 뉴욕이나 파리, 일본 등을 배경으로 한 영화 속 인테리어를 따라 하거나 해외 여행지의 추억을 모티프로 집안을 꾸며도 재미있다.

1 원룸은 동선이 중요하다, 침대부터 결정하라 싱글들이 주로 이용하는 원룸은 LDB(리빙·다이닝·베드) 구조로 먹고 자고 쉬는 장소가 공존한다. 따라서 침대의 위치를 먼저 정하고, 그 동선을 따라 책상·수납장·식탁 등을 배치하면 공간을 효율적으로 사용할 수 있다. 먼저 동서남북의 방위를 떠나서라도 창의 위치나 기타 여건을 고려해 반드시 누워보고 침대 위치를 결정한다. 이렇게 정한 위치에 맞춰 침대 헤드 디자인이나 침대 높이, 침구류의 컬러 등을 결정하면 쉽다.

2 파티션 개념으로 공간 분할을 시도하라 파티션이나 칸막이로 어딘가를 막으면 답답해진다는 고정관념부터 버리자. 공간을 쪼개고 나눠 쓰면 오히려 좁은 집을 넓게 활용할 수 있다. 흔히 사용하는 천이나 발 외에도 커다란 식물 등을 활용하면 공간 분할이 쉽다. 혹은 현재 가지고 있는 가구를 활용하는 것도 좋은 방법. 오픈 수납장을 가벽용 파티션으로 활용하면 양쪽에서 수납이 가능하고, 키 큰 장을 벽에 붙이지 않고 침대 헤드 쪽에 세우면 뒤쪽에 또다른 공간이 덤으로 생긴다.

3 수납가구에 대한 고정관념을 버려라 넘치는 책이나 소품 등은 주방 싱크대에 넣거나 신발장에 넣어도 된다. 거실과 주방을 확고하게 나누는 고정관념을 버리면 동선이 자유로워지면서 개성 넘치는 인테리어가 가능하다. 이때 보이는 수납과 숨기는 수납을 적절히 믹스하는 것이 요령. 예를 들어 벽에 다는 선반은 수납도 하면서 포인트 인테리어로도 활용할 수 있고, 바구니를 인테리어 소품으로 활용하면서 자잘한 소품을 수납해도 된다. 단, 수납의 기본은 안 입고 안 쓰는 것을 정기적으로 버리는 것임을 잊지 말자.

4 컬렉션을 할 때는 TPO에 맞춰라 컬렉션을 장식장에 넣어두는 것은 구태 의연하고 공간만 차지하는 방법이다. 방의 기능에 맞춰 장식품을 엄선하면 컬렉션도 인테리어 효과가 있으므로, 생활 속에 묻어나도록 디스플레이를 한다. 무조건 늘어놓기 보다는 전시 기획을 하듯이 컨셉트에 맞춰 스토리를 만드는 것도 좋다.

5 녹색식물은 싱글 생활에 여유를 준다 해가 잘 드는 베란다 앞이나 주방 창틀에 미니 식물 코너를 만들면 혼자 살면서 느껴지는 식막함이 사라지고, 인테리어에도 효과적이다. 공기를 정화하는 효과도 있으면서, 좀 더 부지런한 생활을 할 수 있는 등 녹색식물의 장점은 무궁무진하다.

6 조명은 인테리어의 꽃이다 좁은 집 혹은 내 집이 아니라는 생각에 인테리어를 다 해놓고도 정작 조명은 천정 메인 조명에 의존하는 경우가 대부분이다. 하지만 조명은 그 하나만으로도 분위기를 바꾸는 힘이 있음을 명심할 것. 스텐드 스타일, 집게 스타일 등의 사이드 조명을 활용하면 인테리어 공사를 하지 않아도 손쉽게 조명을 바꿀 수 있다.

7 가구는 최대한 낮은 것으로 골라라 싱글들의 집은 대부분 좁다. 이렇게 집이 좁을 때는 가구를 낮은 것으로 고르는 것이 현명하다. 침대는 평상형이나 투 매트리스를 사용하고, 소파 대신 매트리스를 활용하거나 빅 쿠션으로 좌식 스타일을 만들면 공간이 한결 넓어 보인다.

8 컬러로 힘 주는 인테리어 한 쪽 벽면을 원색으로 페인팅하면 그 자체만으로도 충분히 스타일리시하다. 실내에 페인팅을 할 때는 친환경 수성페인트를 활용하고, 페인트가 없을 때는 아크릴 물감으로 대체하면 페인트보다 냄새도 적고 칠도 쉽다. 그림을 그리거나 타이포그래피 스타일로 글을 쓰는 것도 좋은 아이디어. 보다 쉬운 방법은 레터링이나 그래픽 스티커를 붙이는 것이다.

9 그램 액자나 포스터 활용하기 스타일리시한 그림과 사진은 혼자 사는 외로움을 달래줄 뿐 아니라 인테리어 소품으로도 손색이 없다. 평소 좋아하는 작가의 작품을 걸거나, 친구나 가족사진을 모노톤으로 프린팅해 걸어도 좋다.

10 나무 상자 혹은 공간 박스를 활용하라 나무 상자나 공간 박스는 수납은 물론 훌륭한 디스플레이 도구가 된다. 쌓아서 선반으로 활용하거나 벽에 걸어 미니 장식장으로 변신시키면 작은 장난감이나 사진, 간식거리를 넣어두는 보물 창고로 활용할 수 있다.

interior

contents

싱글룸을 위한
키워드 인테리어 9

직업과 성별·개성·취향 등이 다른 9인의 싱글족.
제각각의 라이프 스타일에 따라 사는 모습도, 스타일도 다른
그들의 싱글하우스를 통해
싱들족의 공간을 특별하게 꾸미는 노하우를 공개한다.

I'm the leaf that quivers,
You, the unshaken tree

동선

singles

interior

좌식에서　입식으로의　변신을　꾀하다
〈어바웃숍〉　컨텐츠 플래닝 에디터　한효순

에디터다운 안목으로 집안을 감각적으로 꾸민 효순 씨의 오랜
로망은 '입식 생활'. 가구를 간단하게 재배치하고 나니 현관에
서 집안이 훤히 들여다보이는 구조적인 문제가 해결됨은 물론
욕망의 입식 생활도 현실이 됐다.

information

주인장 31세 에디터 한효순
주거 형태 8평(실 평수)의 원룸 오피스텔
문제점 오랜 좌식생활이 불편하고
무료하게 느껴진다. 게다가 현관을 열면
밖에서도 집안이 훤히 들여다 보이는
것도 문제.
키워드 동선

I'm the leaf that quivers,
You, the unshaken

before

좌식 구조로 불편하게 꾸며진 내부.

after

침대와 옷장의 위치를 옮기
고 그 공간에 테이블을 놓아
효순 씨가 원하던 입식 생활
을 가능케 했다. 지저분하게
자리를 차지하던 잡지들을
테이블 다리로 활용한 아이
디어는 주목할 만하다.

욕망의 입식 생활,
동선 재배치가 해답!

이케아 철제 침대와 수납용 선반장, 레트로 레드 캐비닛….
낡고 오래된 원룸 오피스텔에 살고 있는 효순 씨는 에디터
의 날카로운 안목으로 고른 감각적인 소품들로 집안을 꾸
몄다. 겉으로 보기에는 부족한 것 없어 보이지만, 정작 그
녀는 몇 가지 해결되지 않는 불만사항을 토로했다.
"현관 문을 열면 밖에서도 집안이 훤히 들여다보여 민망할
때가 한 두 번이 아니에요. 게다가 작업할 때나 식사할 때
항상 좌식 테이블을 이용해야 하니 불편하고요."
그녀를 위해 전문가가 내놓은 해결책은 가구들을 재배치해
동선을 바꾸는 것. 현관에서 마주 보이는 곳에 옷장을 배치
해 내부가 들여다보이는 문제점을 해결하고, 용도가 불분
명했던 나비장을 신발장으로 활용해 현관 앞 공간을 확보
했다. 침대를 창가 쪽으로 옮기면서 생기는 빈 공간에는 책
을 읽거나 식사할 때 활용할 수 있는 입식 테이블을 놓아
그녀의 오랜 로망을 이뤘다.

녹색식물로 강조한 내추럴리즘 효순 씨는 미니멀한 디자인과 우드 · 라탄 등 자연
소재를 믹스 매치한 모던 스타일을 즐겼다. 그녀의 취향을 반영해 녹색식물이 담긴 미
니멀한 디자인의 화기를 소품으로 사용해 내추럴하면서도 심플한 느낌을 강조했다.

빠꼼언니's advice
옷장을 재배치해 파티션 효과를 그녀의 가장 큰
고민은 현관 문을 열면 밖에서도 집안이 훤히 들여다
보인다는 것. 현관에서 마주보이는 입구 쪽에 옷장을
배치해 공간을 분리 · 독립시키는 파티션처럼 활용하
는 것으로 문제점을 해결했다.

빠꼼언니's advice
공간을 넓게 쓰기 위한 기능 분리 침대를 창가
쪽으로 옮기고 침대를 중심으로 한쪽 벽면은 수납 공
간으로, 한쪽 벽면은 작업 공간으로 꾸며 공간의 기능
을 분리했다.

서랍함 작은 액세서리나 소품을 종류별로 나눠 보관할 수 있는 서랍함.
직접 조립해 완성하는 즐거움도 만끽할 수 있다. 이케아 제품.
플라스틱 수납상자 단단한 플라스틱 재질로 각종 잡동사니를 보관해두기 좋은
수납 상자. 뚜껑 부분에 홈이 있어 차곡차곡 쌓기에도 적당하다. 한샘 제품.

잡지를 다리로 활용한 테이블 에디터라는 직업상 많은 잡지를 보유하고 있는 효순 씨. 그중 자주 보지 않는 것들을 주르르 쌓고, 그 위로 테이블 상판을 얹어 그녀가 원하던 입식 테이블을 만들었다. 한쪽은 철제 다리로 상판을 지지한 뒤 꺼내봐야 할 잡지를 쌓고, 거의 볼 일이 없는 잡지로 다른 한쪽을 지지한 것이 방법. 책이 많은 사람이라면, 누구나 시도해볼 만한 아이디어다.

before

레드 컬러 수납장으로 포인트를 준 내부.

무드를 더하는 백열 조명 싱글족 특히 여성의 경우에는 고장난 형광등을 그대로 방치하는 경우가 많다. 효순 씨의 경우도 마찬가지. 고장난 형광등 대신 레트로 스타일의 백열 조명을 달아 카페 스타일을 완성했다. 메가룩스 제품.
에지를 더하는 비비드 아이템 미니멀한 가구에 레드 컬러 철제 수납장으로 포인트를 준 그녀의 스타일을 반영해 식물이 담긴 레드 컬러 화기, 옐로 컬러로 페인팅한 와인병, 그린 컬러의 스툴 등으로 집안에 에지를 더했다. 코즈니 제품.

나비장은 신발장으로 용도 변경 그녀가 화보 촬영을 하면서 구입했다는 나비장은 모던한 집안 분위기와 묘하게 어울린다는 장점은 있으나, 용도가 불분명하고 부피가 큰 것이 단점. 안쪽 수납공간의 폭이 넓은 나비장의 장점을 살려 신발장으로 활용하니, 기존에 사용하던 신발장에 미처 수납하지 못했던 신발과 장우산 들을 수납할 수 있게 됐다.

빠꼼언니's advice
향수는 신발 장 위에 수납
향수가 화장대 위에 있어야 한다는 편견은 버릴 것 신발장 위에 향수를 두면 비좁은 화장대를 어지럽히는 것보다 오히려 장식효과가 있으면서, 외출 전 옷차림에 어울리는 향수를 뿌리는 센스를 발휘할 수도 있다.

현관 밖에서 집안이 들여다보이지 않을 것, 그리고 좌식에서 입식 생활로의 변경. 이 두 가지 모두를 충족하기 위해서는 가구들의 동선을 재배치하는 것이 불가피했다. 침대를 창가 쪽으로 보내고, 파티션 역할을 할 수 있도록 옷장을 현관 앞쪽으로 이동하면서 남은 공간에 입식 테이블을 두는 것으로 구조적인 문제를 모두 해결했다.

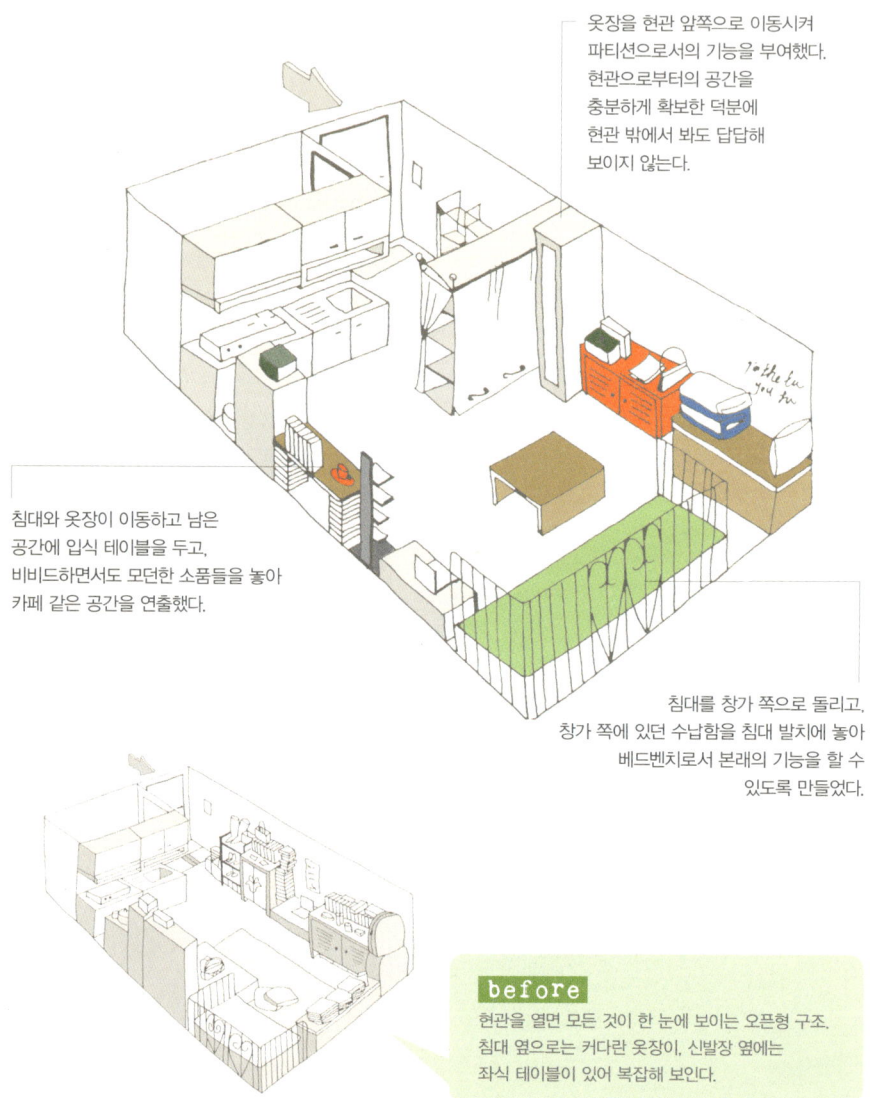

옷장을 현관 앞쪽으로 이동시켜
파티션으로서의 기능을 부여했다.
현관으로부터의 공간을
충분하게 확보한 덕분에
현관 밖에서 봐도 답답해
보이지 않는다.

침대와 옷장이 이동하고 남은
공간에 입식 테이블을 두고,
비비드하면서도 모던한 소품들을 놓아
카페 같은 공간을 연출했다.

침대를 창가 쪽으로 돌리고,
창가 쪽에 있던 수납함을 침대 발치에 놓아
베드벤치로서 본래의 기능을 할 수
있도록 만들었다.

before
현관을 열면 모든 것이 한 눈에 보이는 오픈형 구조.
침대 옆으로는 커다란 옷장이, 신발장 옆에는
좌식 테이블이 있어 복잡해 보인다.

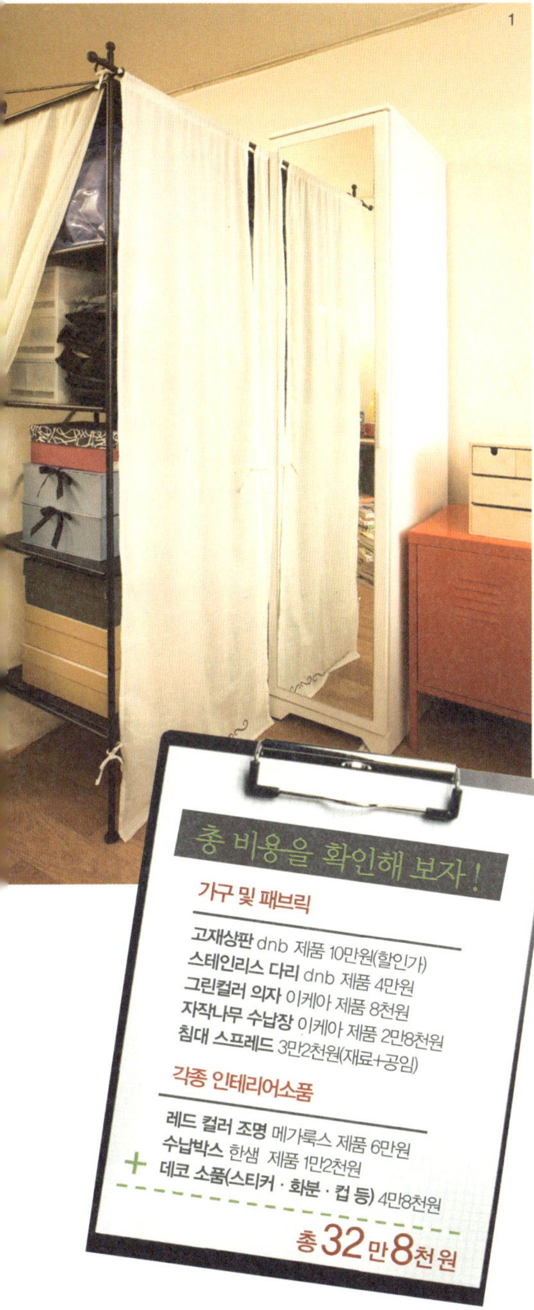

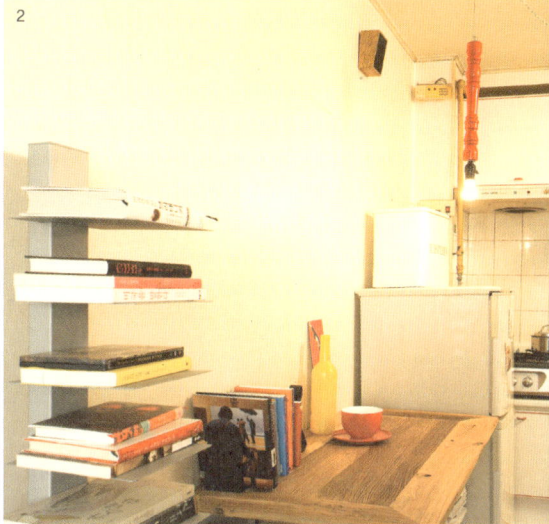

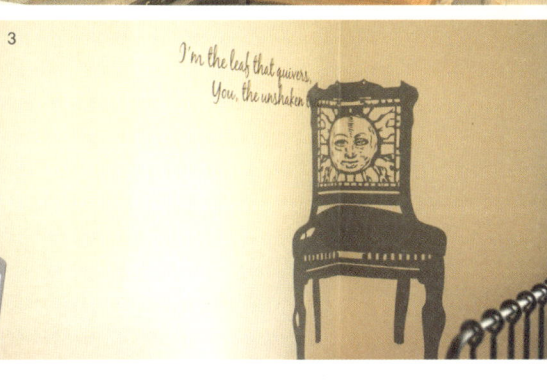

1

2

I'm the leaf that quivers,
You, the unshaken
3

총 비용을 확인해 보자!

가구 및 패브릭

고재상판 dnb 제품 10만원(할인가)
스테인리스 다리 dnb 제품 4만원
그린컬러 의자 이케아 제품 8천원
자작나무 수납장 이케아 제품 2만8천원
침대 스프레드 3만2천원(재료+공임)

각종 인테리어소품

레드 컬러 조명 메가룩스 제품 6만원
수납박스 한샘 제품 1만2천원
+ **데코 소품(스티커 · 화분 · 컵 등)** 4만8천원

총 32만 8천원

1 옷장 속은 수납 상자로 정리하라 벨트·모자 등의 소품이나 속옷·액세서리 등을 옷장 속에 넣어둘 때 수납 상자를 활용하면 정리가 쉽다. 단, 적당한 크기의 상자들을 활용해 종류별로 분리하고, 옷이나 소품 등을 구입할 때 주는 상자도 적극 활용한다. **2 비비드한 소품을 활용하라** 벽지나 가구 등 쉽게 바꿀 수 없는 것은 기본적인 컬러를 고르되, 소품 한두 가지는 비비드한 컬러로 매치하면 감각적인 스타일을 완성할 수 있다. **3 밋밋한 코너 벽에는 시트지로 포인트를!** 밋밋한 코너 벽에는 시트지를 붙이면 분위기를 쉽게 바꿀 수 있다. 이때 벽면의 모서리를 이용해 색다른 느낌을 연출하는 것이 포인트.

singles
interior

데코 소품으로 집안의 온기를 불어넣다
무대 디자이너 겸 포토그래퍼 주장일

무대 디자이너로 일하면서도 포토그래퍼로도 활동하고, 음
악·운동 실력은 물론 패션 센스까지 두루 갖춘 다재다능한
장일 씨. 그를 닮은 듯 정갈하고 모던하게 정리된 집에 포인트
가 되는 데코 소품과 조명을 이용해 2%의 부족함을 채웠다.

information

주인장 36세 무대 디자이너 겸
포토그래퍼 주장일
주거 형태 주방과 침실이 분리된
반지하 원룸
문제점 심플한 가구와 패브릭으로
모던하게 꾸몄지만 왠지 모르게
느껴지는 2%의 부족함.
키워드 조명

2%의 부족함을 채우는
조명 데코 아이디어

'독거노인이 살고 있는 집', 장일 씨의 표현을 빌리자면 그
랬다. 신사동 가로수 길에 위치한 반지하 형태의 그의 집은
원룸 특유의 낡고 허술함은 있으나 곳곳에 그의 손길이 닿
아 그마저도 멋스럽게 보였다. 그가 좋아하는 심플하고 빈
티지한 스타일로 꾸며진 집안 곳곳은 그를 닮아 세련됐으
면서도 정감 있고, 모던한 분위기를 풍겼다.
"틀에 얽매이지 않고 자유로운 것을 좋아해 집도 제 스타일
대로 꾸몄어요. 하지만 가구는 밝은 우드 계열인데다 패브
릭마저도 컬러와 패턴이 단조로워 어딘지 모르게 부족함이
느껴져요."
그의 집은 이미 동선도 손댈 곳 없이 완벽했고, 가구나 패
브릭 등의 스타일도 훌륭했다. 그래서 기존의 것들을 100%
살리면서 작은 오브제나 조명, 초록식물 등의 소품으로 부
족한 2%를 채우는 작업이 이뤄졌다. 특히 조명은 기존의
가구들과 절묘하게 어우러지면서 생동감을 불어넣는 등 작
지만 큰 변화를 일으키며 그의 집 곳곳에서 놀라운 힘을 발
휘했다.

before

심플하지만 밋밋하게 꾸며진 내부.

after

심플하고 모던하게 꾸며진 장일 씨
의 집에 작은 소품과 조명으로 포인
트를 줬다. 침대 옆에는 다용도로 활
용할 수 있는 베드 트레이를 두고 공
기를 정화시키는 효과가 있는 녹색
식물과 마릴린먼로를 강렬한 터치로
그려 넣은 팝아트 플레이트를 놓아
스타일리시한 분위기를 더했다.

언밸런스한 장식으로 책상 위를 스타일리시하게 책상 위 벽면을 어떻게 꾸미느냐에 따라 책상 분위기가 바뀌는 법. 무대 디자인을 하는 장일 씨를 위해 책상 위를 영감을 얻을 수 있는 사진이나 스케치 등을 붙여두되, 컬러 테이프를 이용해 포인트를 주는 센스를 잊지 않았다. 액자도 하나는 사진을 넣고, 다른 하나는 비어 있는 채로 걸어 둬 색다른 분위기를 연출했다.

가죽 수납 바구니 작업 환경을 저해하는 책상 옆 화장품과 발 밑의 책 등을 가죽 수납 바구니에 담아 정리했다. 가죽 수납 바구니는 크기가 다른 세 개를 겹치는 형식으로 보관이 용이하다. 한샘 제품.

before

벽면은 썰렁하고, 보조테이블에는 화장품이 늘어져 있어 지저분한 느낌이 들었다.

시트지와 조명으로 주방 분위기를 색다르게 연출 장일 씨의 집은 주방과 침실 공간이 나눠진 분리형 원룸 형태. 기존에 있던 싱크대와 신발장 때문에 개성을 표현하기 쉽지 않았던 주방은 싱크 대의 하부장과 신발장에 시트지를 붙이고 조명으로 무드를 더하는 것으로 분위기를 확 바꿨다.

before
낡고 오래된 싱크대 때문에 더 초라해 보이는 주방.

포인트 소품으로 활용한 캐니스터 주방 한쪽의 서랍장 위에 올려놓은 캐 니스터. 홍차 · 커피 등을 보관하는 용도로 사용할 수 있을 뿐만 아니라 인테리어 소품으로서의 역할도 톡톡히 한다. 까사미아 제품.
위트 있는 빗자루 세트 소품 하나도 디자인이 독특하거나 위트가 있는 것 으로 고르면 집안 분위기에 활력을 더할 수 있다. 스마일 패턴의 빗자루 세트는 까사미아 제품.

데코 시트로 연출한 메모판 냉장고 위 벽면에는 말풍선 모양의 데코 시트를 붙였다. 벽면 데코 역할 뿐 아니라 분필로 필요한 내용을 적고 물걸레나 휴지로 지울 수 있는 간이 메모판으로도 활용 가능하다.

빠꼼언니's advice

밋밋한 벽을 생기 있게 형광 조명이 주는 차가움 보다는 백열 조명의 따뜻함이 좋다는 장일 씨. 그의 취향에 맞춰 주방 한쪽 벽면은 아무런 장식을 하지 않고, 조명을 은은하게 비춰 편안하고 안락한 분위기를 연출했다.

장일 씨의 경우 이사를 오기 전 미리 도면을 그려 동선을 배치했기 때문에 더 이상 손볼 곳 없이 최적화된 동선으로 생활하고 있었다. 게다가 침실과 주방이 분리된 형태라 다른 원룸에 비해 구조가 깔끔한 것이 특징. 따라서 그의 집은 동선의 변화 없이 소품과 조명으로 분위기를 바꾸는 것에 주력했다.

여느 남자들의 공간처럼 조금은 삭막했던 그의 침실. 침대 옆에 베드 트레이를 두고 팝아트 플레이트와 녹색식물을 놓아 온기를 더했다.

그는 손님이 오면 주방 한쪽에 마련된 좌식 테이블에서 다과를 즐겼다. 이곳에 좀 더 아늑한 분위기를 만들어주기 위해 빈 벽면에 조명을 비춰 은은하면서도 생동감 있는 분위기를 연출했다.

기존의 싱크대는 하부장에만 월넛 컬러의 시트지를 붙였다. 바닥보다 어두운 컬러로 리폼해 한층 고급스럽다. 신발장도 싱크대와 같은 컬러의 시트지를 붙여 리폼했다.

before 동선은 완벽하지만, 2% 부족한 듯한 데코가 아쉬운 공간.

총 비용을 확인해 보자!

가구 및 수납 용품

침대 사이드 테이블 홈에버 제품 5만원
베드 바스켓 코스트코 제품 4만원(2개)
가죽 수납 바구니 2001아울렛 제품 2만원
옷장 수납박스 한샘 제품 3만8천원
자전거 바구니 코스트코 제품 4만원

각종 인테리어소품

시트지(래핑 필름) 을지로 방산시장 4만원
데코 소품(식물·마를린먼로 액자·캐니
+ 스터 등) 7만2천원

총 45 만원

1 침대 밑에 바퀴 달린 수납상자를 둬라 집안에 수납공간이 부족하다면 침대 밑 공간을 활용할 것. 침대 밑에 바퀴달린 수납 상자를 두고 티셔츠나 바지, 양말 등을 수납하면 공간도 덜 차지하고 필요할 때 꺼내 쓰기도 쉽다. **2 수납 바구니를 적극 활용할 것** 귀찮아서 혹은 시간이 부족해서 정리를 하지 못한다면 수납 바구니를 활용해 보자. 가방, 주방용품, 각종 서류 등 차곡차곡 정리해야 하는 것 외에 물건들은 그냥 넣어두는 것만으로도 집안이 한결 깨끗해진다. **3 둘 곳 없던 자전거 코너에 세우기** 장일 씨의 가장 큰 고민 중 하나가 접이식 자전거를 둘 곳이 없다는 것. 신발장을 벽면에서 조금 떨어뜨린 뒤 틈새 공간을 활용해 자전거를 세웠다. 이때도 수납 바구니를 활용해 자전거를 쏙 넣어두니 넘어질 염려가 없고, 미관상으로도 훌륭하다. 코스트코 제품.

green

p l u s

왼쪽부터 시계방향으로 페페
(p62), 스킨답서스(p48), 다육
식물 중 성을녀(p76), 트리안
(p88), 마삭줄(p22), 아이비
(p48), 다육식물 중 은파금
(p118), 배풍등(p34), 백설공주
아이비(p118), 하트호야(p62),
알리움(p62), 남천나팔(p34).
대부분 값싸고 키우기 쉬운 식
물들로, 동네 가까운 꽃집에서
3∼8천원대에 구입 가능하다.

singles

interior

집안을 싱그럽게 만드는 포인트 컬러
휴대폰 엔지니어 김혜진

꽃을 만지고, 여행을 좋아하며, 소소한 일상을 사진으로 기록하는 것이 취미인 혜진 씨. 그녀의 손길과 정성이 깃든 식물과 패브릭, 사진 등으로 꾸민 공간은 그녀를 닮아 화사하면서 그윽하고, 달콤하면서 풋풋한 향기가 난다.

information

주인장 34세 휴대폰 엔지니어 김혜진
주거 형태 14평(실 평수)의 분리형
원룸 주상복합 아파트
문제점 패브릭이나 식물 등에 잘
어울리는 화사한 컬러의 페인팅으로
집안 분위기를 전체적으로 바꾸는
것이 목표
키워드 컬러

식물과 잘 어울리는
민트 컬러 페인팅

before

복잡하고 지저분해 보이는 침실 내부.

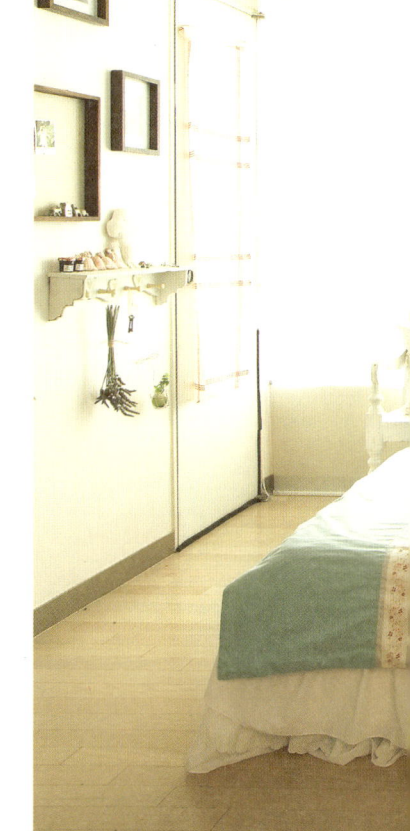

혜진 씨의 집에서는 은은한 꽃 향기가 났다. 따뜻하고 아늑한 분위기가 그녀를 꼭 닮았다. 휴대폰 엔지니어라는 직업이 주는 이성적이고 냉철한 분위기는 그녀의 집과는 거리가 멀었다. 오히려 곳곳에는 그녀가 하나하나 어루만지면서 사랑을 듬뿍 쏟은 식물과 직접 만든 패브릭 소품, 여행을 다니면서 찍은 사진 등이 어우러져 봄날의 햇살같이 아기자기한 분위기를 연출했다. 부지런한 그녀는 여기에 만족하지 않고 자신의 공간을 주기적으로 보살피면서 다른 분위기를 연출하려고 노력하고 있었다. TV와 현관문에 페인트를 칠하고, 집안에 어울리는 소품들을 꾸준히 들여놓으며, 패브릭을 활용해 가구에 여러 가지 옷을 입히는 등 매번 변화를 주지만 색다름에 대한 갈증은 여전했다.

"혼자 이것저것 바꿔보지만, 매번 부족함을 느껴요. 집안 분위기를 확 바꾸고 싶지만 어떻게 해야 할지 모르는 제게는 전문가의 도움이 절실해요."

그녀를 위한 해결책은 간단했다. 그녀가 좋아하는 민트 컬러로 한쪽 벽면을 페인팅하는 것. 민트 컬러는 그녀의 공간 곳곳을 채운 식물들과 시너지 효과를 내면서 싱그럽고 상큼한 분위기로의 변신을 꾀했다.

after

침대 헤드쪽 벽면을 민
트 컬러 페인트로 칠하
고, 그와 어울리는 블
루 컬러 커튼을 달아
싱그러운 분위기를 연
출했다.

자작나무로 식탁에 싱그러움을 화이트와 베이지 컬러를 매치해 심플
하고 깨끗한 느낌을 주는 주방. 침실의 자작나무를 식탁 옆으로 옮겨와
포인트가 없던 주방에 생기를 불어 넣었다.

철제 수납함 식탁 밑에 늘어놓았던 세탁용품을 정리한 철
제 수납함. 양옆에 손잡이가 달려 있고, 뚜껑이 있어 지저
분한 세탁용품을 감쪽같이 가릴 수 있다. 자연주의 제품.
티 주전자 세트 빈티지한 분위기와 잘 어울리는 섀비 시
크 스타일의 티 주전자 세트. 포인트 소품으로 활용하기에
적당하다. 까사미아 제품.

before

깨끗하지만 밋밋해 보이는 주방.

비비드 컬러로 밋밋함을 보완
화이트 컬러의 책상과 소파, 선반
으로 연출한 거실 겸 작업 공간. 소
파에 체크 패턴의 패브릭을 씌워
화이트 컬러의 밋밋함을 보완했다.
책상 아래 둔 스트라이프 패턴의
수납 상자는 지저분한 소품을 감추
는 수납으로서의 용도 뿐 아니라,
비비드한 컬러감이 돋보이는 포인
트 소품으로 활용해볼 만하다.

드러내는 것도 수납의 방법 감추는 것이
100% 완벽한 수납 해결책은 아니다. 패브릭이 담
긴 장의 지저분함을 감추기 위해 장 입구에 붙여
둔 패브릭 조각을 걷어내고, 장을 있는 그대로 노
출시키면 훨씬 깨끗해 보인다.

before
패브릭들이 여기저기를 덮고 있어
오히려 지저분한 느낌을 준다.

원목이 주는 빈티지한 멋 원목은 그 자체만으로도 충분히 멋스러운 아이템이다. 자투리 패브릭
을 모아둔 원목장을 덮고 있던 패브릭을 걷어내 원목 소재를 노출시키니 옆 벽면의 원목 프레임 액
자와 어우러져 빈티지한 분위기가 완성됐다. 원목 소재와 컬러가 잘 어울리는 녹색식물을 함께 데
코하면 훨씬 멋스러운 분위기를 만들 수 있다.

컬러 포인트로 분위기 전환 침실은 혜진 씨의 바람을 가장 잘 소화한 공간. 침대 헤드 쪽 벽면에 침구와 잘 어울리는 민트 컬러 페인트를 칠하고, 시원한 통창에는 블루와 화이트 컬러가 믹스된 커튼을 달아 포인트를 줬다. 여기에 커다란 알로카시아 화분으로 한층 싱그러운 분위기를 연출했다.

포인트 없이 허전하기만 한 침실. 침대 양쪽으로 키 큰 수납장이 있어 답답해 보인다.

before

빠꼼언니's advice

전실에는 식물로 온기를 좁은 전실을 데코할 때는 식물을 활용해 보자. 작은 식물 몇 가지를 두는 것만으로도 집에 들어섰을 때 따뜻하면서 싱그러운 느낌이 난다.

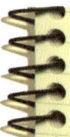

식물을 활용한 전실 데코 전실은 현관에 들어섰을 때 집안의 첫인상을 좌우하는 곳이다. 그만큼 전실 데코는 집안 어느 곳을 데코 하는 것보다 중요하다. 풍수학적으로도 전실을 깨끗하게 꾸미면 복이 들어온다고 한다. 혜진 씨의 집은 그녀가 좋아하는 식물을 전실과 현관 밖에 배치해 온기를 채우고 싱그러움을 더했다.

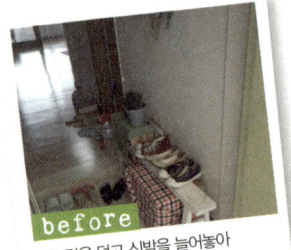

before

패브릭을 덮고 신발을 늘어놓아 지저분해 보이는 전실.

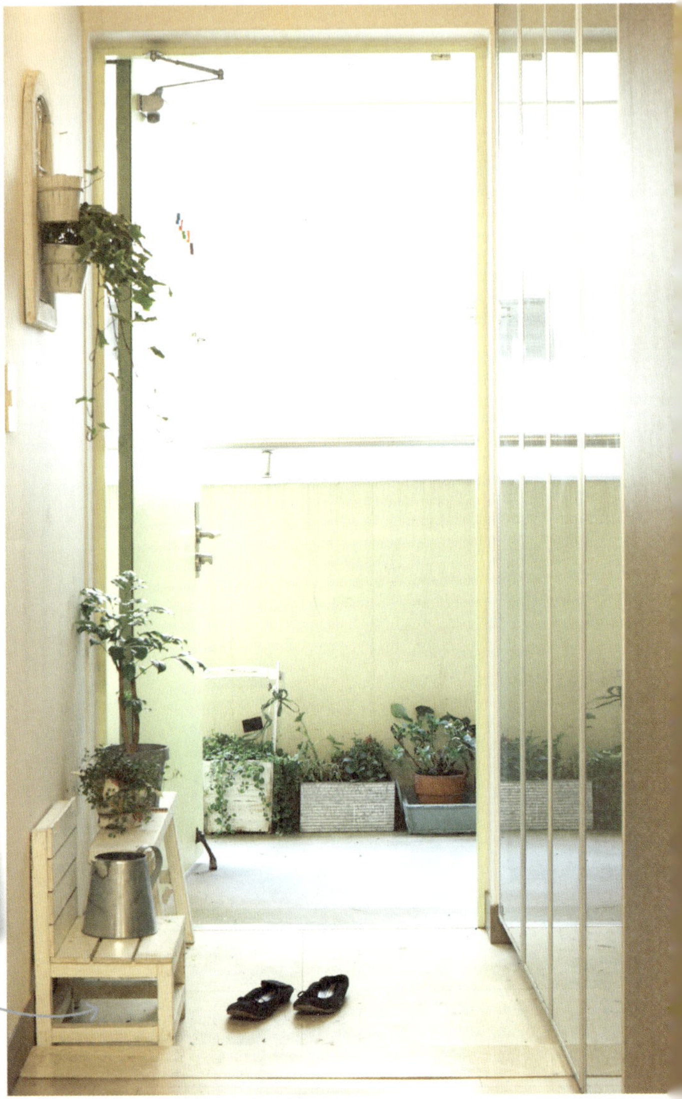

before
아무런 데코 없이 특성을 살리지
못한 욕실

아늑함을 연출한 욕실 욕실은 혜진 씨가 간절히 변화를 바랐던 곳 중하나. 아무런 데코를 하지 못한 욕실은 아늑함보다는 식막함이 느껴지고, 그녀의 집안 분위기와 어울리지 않았다. 이곳에 플라워 패턴의 샤워 커튼을 달고, 식물을 놓는 것만으로 그녀가 원했던 아늑함을 더했다. 여기에 아기자기한 소품을 놓아 포인트를 주는 것도 잊지 않았다.

같은 컬러 수건 똑같은 컬러의 수건을 여러 장 겹쳐 올려두는 것도 욕실에 포인트를 주는 방법. 코스트코 제품.

달러 휴지 화폐가 프린트가 돼 있는 위트 있는 화장지처럼 유머러스한 소품은 욕실의 식막함을 덜어준다. 세컨드호텔 제품.

skech tip 분리형 원룸의 특성을 살린 컬러 인테리어

혜진 씨의 집은 두 가지 분위기를 연출할 수 있다는 장점이 있는 분리형 원룸. 침실 공간은 민트 컬러 포인트로 싱그럽게, 거실 공간은 기존의 화이트 컬러를 살려 심플하게 연출했다.

전체적인 분위기를 바꾸고 싶다는 그녀의 바람을 담아 침실의 한쪽 벽면 전체를 민트 컬러로 페인팅했다. 침구, 커튼과 어우러져 침실 전체의 분위기가 싱그럽고 아늑하게 바뀌었다. 침실 공간인 만큼 건강을 고려해 친환경 페인트를 사용하는 것도 잊지 않았다.

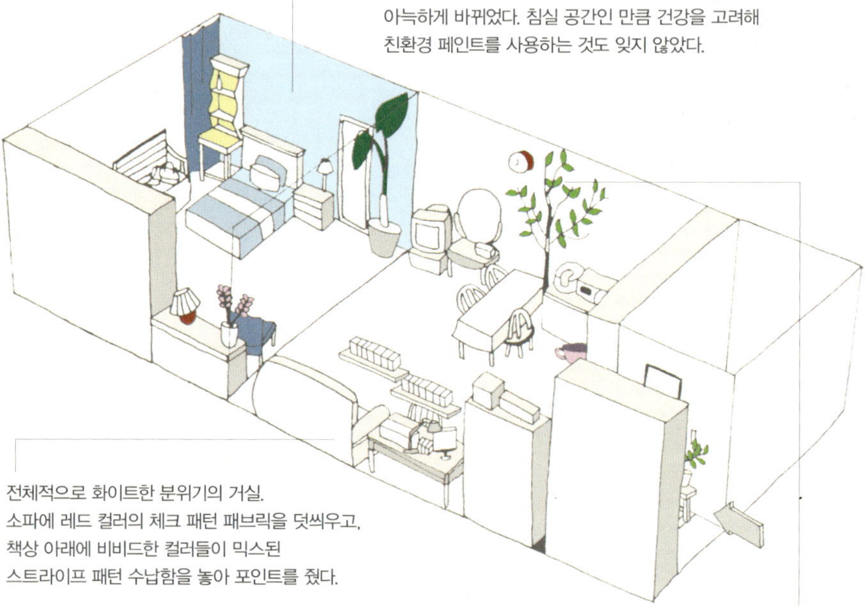

전체적으로 화이트한 분위기의 거실. 소파에 레드 컬러의 체크 패턴 패브릭을 덧씌우고, 책상 아래에 비비드한 컬러들이 믹스된 스트라이프 패턴 수납함을 놓아 포인트를 줬다.

침실 한쪽 공간을 차지했던 자작나무를 식탁 옆으로 옮겨 왔다. 데코 요소가 많았던 침실의 복잡함은 덜고, 밋밋한 주방에는 포인트를 더하는 일석이조의 효과가 나타났다.

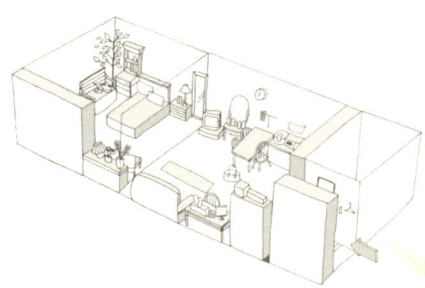

before

그녀의 집은 식물·패브릭 등으로 아기자기함을 살렸지만, 집안 전체의 분위기를 좌우하는 커다란 포인트가 없어 밋밋해 보이는 단점이 있다.

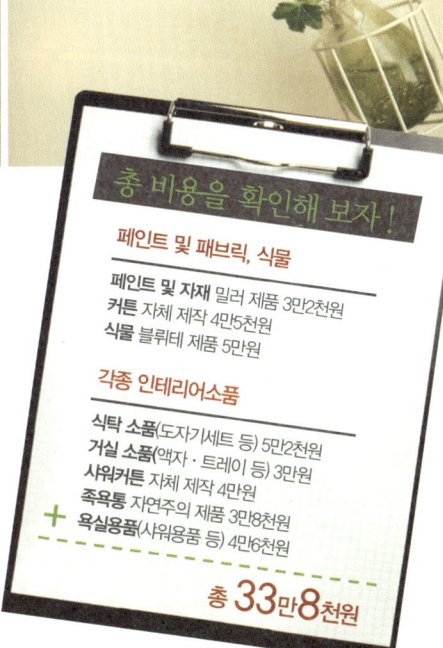

1 작은 소품 여러 개로 아기자기함을 연출하라 집안 전체의 분위기를 바꾸고 싶다면 가구나 커튼 등 커다란 소품을, 아기자기함을 더하고 싶다면 작은 소품 여러 개를 활용하는 것이 방법. 침실 한쪽 코너에 있는 오픈 수납장에 작은 오브제와 패브릭, 책 등을 올려둬 혜진 씨를 닮은 아기자기한 공간을 연출했다. **2 감추는 수납을 활용하라** 늘 정신없고 바쁜 싱글들에게는 감추는 수납이 적당하다. 될 수 있으면 사방이 막히고, 뚜껑이 달린 수납상자를 활용하고, 오픈형 구조의 수납상자인 경우에는 패브릭을 덮어 내용물이 보이지 않게 감추면 안에 어떤 물건을 넣어둬도 깔끔해 보인다. **3 식물과 가까워져라** 식물은 싱글들에게 강추하는 아이템 중 하나. 집안에 식물을 들여놓으면 분위기가 한결 부드러워지고, 혼자 사는 싱글들이 애정을 쏟을 수 있는 대상이 생겨 외로움을 극복하기에도 좋다. 수중재배식물이나 음지식물 등 물을 주지 않거나 햇볕을 쬐지 않아도 잘 자라는 식물들이 많으므로 처음에는 기르기 쉬운 식물부터 도전해 보자.

총 비용을 확인해 보자!

페인트 및 패브릭, 식물

페인트 및 자재 밀러 제품 3만2천원
커튼 자체 제작 4만5천원
식물 블뤼테 제품 5만원

각종 인테리어소품

식탁 소품(도자기세트 등) 5만2천원
거실 소품(액자 · 트레이 등) 3만원
샤워커튼 자체 제작 4만원
족욕통 자연주의 제품 3만8천원
+ 욕실용품(샤워용품 등) 4만6천원

총 **33만8천원**

singles
interior

'힘'을 실어주는 에코 식물 인테리어
대학생 서상우

촌스러움 · 지저분함 · 고리타분함…. '복학생'이라고 하면 연
상되는 고정관념을 저버리게 하는 스마트한 복학생 상우 씨.
그가 살고 있는 복층 오피스텔에 식물을 활용한 에코 스타일
링으로 '힘'을 실었다.

information

주인장 24세 대학생 서상우
주거 형태 13평(실 평수)의
복층 오피스텔
문제점 복층 원룸인데다가
짐도 없어 삭막해 보이는 단점을
효과적으로 극복하는 것이 관건.
키워드 식물

녹색식물이 주는 운치와 온기를 만끽하다

작년 11월에 제대해 올 초 복학한 대학생 상우 씨의 공간은 복학생, 그리고 남자 대학생에 대한 고정관념을 깨는 두 가지의 요인이 있다. 그 중 하나는 낡고 지저분하면서 쾨쾨한 향기(?)가 날 것만 같은 남자 대학생의 자취방이 아니라 서울의 중심인 남산이 마주 보이는 시원한 전망을 자랑하는 복층 원룸이라는 것, 또 다른 하나는 작은 녹색식물을 키우고 있다는 것이다.

그의 보금자리는 13평이라고 하기에는 믿기지 않을 만큼 넓은 복층이다. 넓고 층고가 높은데다가 갓 제대한 덕분에 짐이 많지 않아 상당히 썰렁해 보인다는 단점이 있다. 학생 신분이라 구색을 맞춰 구입한 가구도 없고, 당장 가구나 소품을 구입할 여력이 없다는 것이 이 집의 문제였다. 이런 그의 상

황에 맞춰 효과적으로 스타일링을 할 수 있는 방법은 식물을 활용하는 것. 다행히 그가 식물을 좋아하고 기르는 데 취미가 있어 과감히 도전했다. 다행히 도전은 성공적이었다. 층고가 높은 그의 집에 어울리는 키가 큰 떡갈나무 화분을 들였는데, 그가 키우던 작은 녹색 식물들과 어우러져 운치를 더하는 감각적인 소품으로 거듭났다.

디자인 옷걸이 구조적인 디자인으로 존재만으로도 충분히 가치를 발휘하는 디자인 소품. 퍼니그램 제품.
모듈 테이블 크기가 다른 두 개의 테이블이 겹쳐진 형태로 따로 또 같이 쓸 수 있어 실용적이다. 이케아 제품.

after
소파에 패턴이 있는 패브릭을 씌우고, 키가 큰 떡갈나무를 들여놓는 것만으로도 에지가 더해진 상우 씨의 원룸.

before
가구와 소품이 없어 다소 식막한 내부.

커버링만으로 확 달라진 주방 주방에 놓은 2인용 식탁은 칙칙한 월넛 컬러로, 집안 전체의 분위기와 어울리지 않았다. 심플한 체크 패턴의 패브릭으로 식탁 위를 가리고, 행운목이 담긴 화기를 올려두는 것으로 간단하게 분위기를 바꿨다.

DIY로 만든 수납 선반 인터넷에서 구입하는 가구는 조립 제품인 경우가 대부분이다. 상우 씨는 이케아의 화이트 수납 선반을 조립해 한쪽 코너를 장식했다. 수평을 맞추고 하나씩 조립하면 쉽게 완성할 수 있어 처음 해보는 그도 어렵지 않게 완성했다.

긴 막대를 연결해 좌우 수평을 맞춘 뒤 선반을 하나씩 끼워 조립하고 있는 상우 씨.

패브릭과 식물로 힘을 싣다 상우 씨의 오피스텔은 다른 집들에 비해 가구나 짐이 없어서 오히려 삭막해 보이는 것이 문제. 대학생의 주머니 사정을 고려해 비싼 가구나 소품보다 실용적인 패브릭과 식물을 들이기로 했다. 패턴이 기하학적이면서 컬러 대비가 강렬한 패브릭으로 소파를 덮고, 다양한 화분을 놓아 생기 있게 꾸몄다.

before
밋밋하다 못해 칙칙하기까지 한 원룸의 내부.

패브릭 데코 팁 패브릭을 이용한 커버링은 가장 쉽고 간편하게 집 안 분위기를 바꿀 수 있는 방법. 특히 집안 분위기가 밋밋한 경우에는 심플하고 단조로운 패브릭보다 강렬하고 디자인적인 요소가 있는 패브릭을 고르는 것이 좋다. 커버링을 원하는 가구보다 크게 패브릭을 재단해 끝부분의 올이 풀리지 않게 마감한 뒤 씌우기만 하면 된다.

before
충고가 낮아 취침 공간으로만 활용하는 2층.

아티스틱한 시트지로 분위기 전환 상우 씨는 충고가 낮은 2층을 취침하는 공간으로만 사용하고 있었다. 가끔 잠자리에 들기 전 책을 읽기도 한다는 그를 위해 1층에서 사용하던 좌식 테이블을 놓았다. 벽면에 용도를 알 수 없는 철문은 아티스틱한 터치가 느껴지는 시트지를 붙여 분위기를 바꿨다.

가구나 소품이 턱없이 부족한 그의 오피스텔은 동선을 바꾸거나 재배치할 일이 없다. 대신 식물을 놓고, 패브릭을 교체해 썰렁함을 커버했다. 특히 다양한 크기의 공간에서 다용도로 활용할 수 있는 식물은 보기에도 좋으나 공기정화 효과가 있어 자신의 몸을 챙기기 어려운 싱글들에게는 좋은 아이템 중 하나다. 식물은 의외로 키우기가 어렵지 않으므로 다양한 식물을 집안 환경에 맞추어 키워보는 것도 좋다.

비어 있던 코너 공간에는 상우 씨가
직접 조립한 수납 선반을 놓았다.
선반 위는 책과 녹색식물로 장식했다.

1층에서 사용하던 좌식 테이블을
2층에 올려두고, 잠만 자던 공간을
가볍게 책을 읽거나 휴식을
취하는 휴게 공간으로
탈바꿈 시켰다.

창가와 소파 사이에 키가 큰 떡갈나무
화분을 놓았다. 집안에 그린 포인트가
된 이 화분은 기존에 있던 녹색식물과
어우러져 집안 분위기를 색다르게
바꾸는 효과가 있다.

before
다른 집에 비해 가구나 소품이 턱 없이
부족해 썰렁한 분위기가 나는 상우 씨의 복층 원룸.

1 **조립 가구를 활용하라** 인터넷에서 저렴하게 판매하는 조립 가구를 활용하면 큰 비용 들이지 않고도 집 안을 꾸밀 수 있다. 나사, 볼트 등 조립에 필요한 부품까지 모두 포함돼 있고 누구나 쉽게 조작이 가능하므로 어렵지 않게 도전해볼 수 있다. 2 **곳곳에 녹색식물로 포인트를** 밋밋한 집안 곳곳에 작은 녹색식물을 놓아두면 포인트 소품 역할을 톡톡히 한다. 3 **와인병을 화병으로 재활용** 다 마신 와인병은 버리지 말고 화병으로 재활용해 보자. 화병에 꽃 한 두 송이를 꽂고 물을 넣어 난간이나 테이블 등에 올려두면 근사한 데코 소품이 된다.

총 비용을 확인해 보자!

가구 및 패브릭

모듈 테이블 이케아 제품 11만원
화이트 책장 이케아 제품 3만9천원
행거 퍼니그램 제품 14만원
침구 코스트코 제품 3만원

각종 인테리어소품

떡갈나무 화분 과천 화훼단지 8만원
데코 소품 (테이블 커버·아톰 인형·
＋ 욕실 매트 등) 4만원

총 **43**만**9**천원

sing

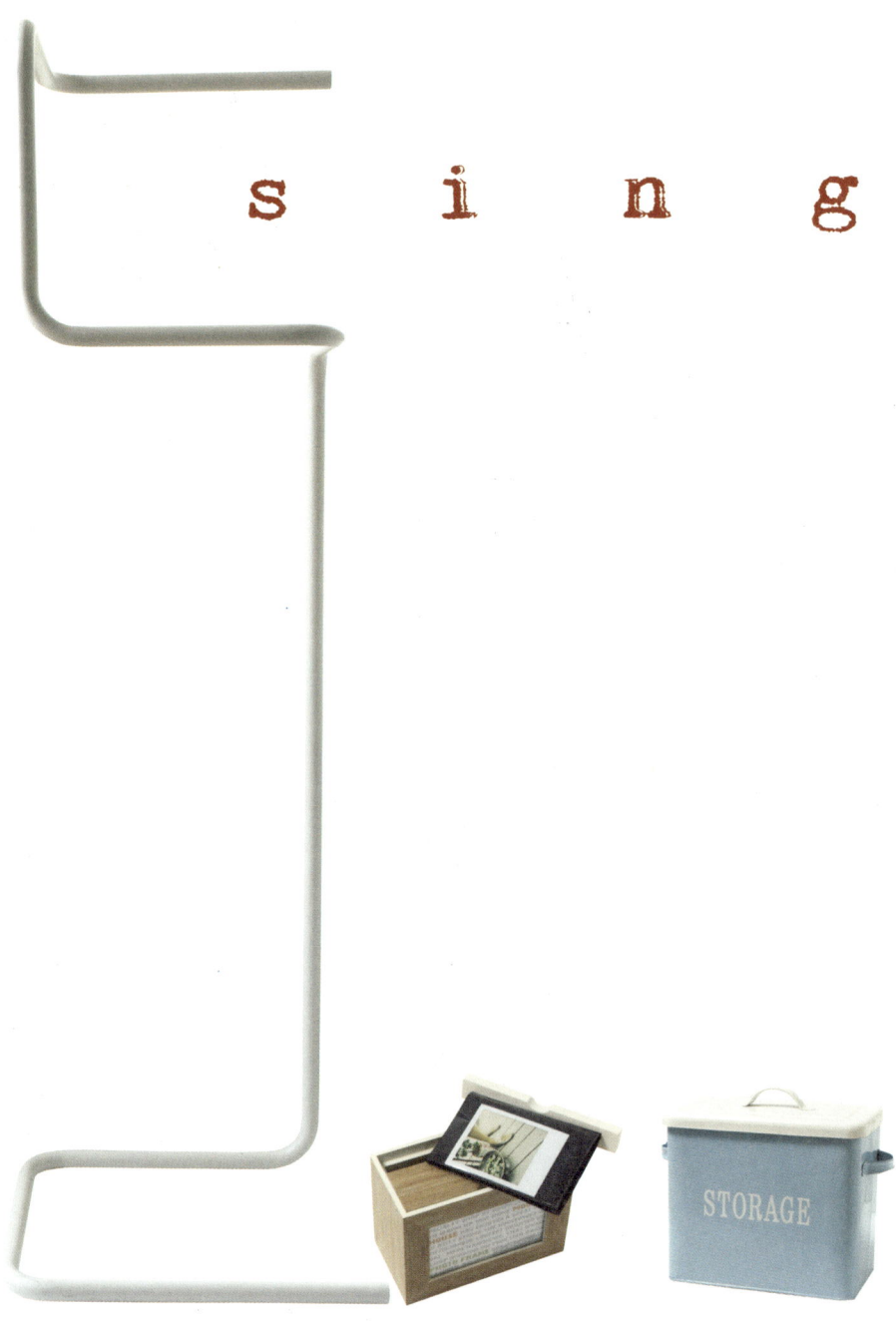

STORAGE

l e s

왼쪽부터 퍼니그램의 디자인 옷걸이(p62), 모던하우스의 사진첩 액자(p48), 자연주의의 법랑 세제통(p48), 한샘의 샘시리즈 수납함(p22), 커피박물관의 모카포트(p48), 이케아의 나무 조립 수납함(p22).

singles
interior

주인을 닮은 개성있는 스타일을 완성하다
라퀴진 홍보 에디터 김민경

누구보다 자유로운 듯하지만, 알고 보면 나름의 질서와 법칙이
확고한 민경 씨. 그녀를 닮은 원룸은 자유로운 디자인과 형태의
가구들이 스타일에 얽매이지 않고 제각각 놓인 듯 하지만 그 안
에서 오묘하게 조화를 이뤄 레트로라는 하나의 스타일을 향하고
있다.

information
주인장 33세 라퀴진 홍보 에디터 김민경
주거 형태 13평의 빌라 원룸
문제점 그녀가 추구하는 레트로 감성은
해치지 않으면서 오랫동안 자취생활을
하면서 쌓인 짐과 잡동사니를 불문하고
모은 책 등을 정리할 것
키워드 스타일

각각의 가구들이 조화를 이룬 스타일리시한 공간

라퀴진에서 홍보 에디터로 일하고 있는 민경 씨. 그녀는 자신만의 스타일이 확고한 AB형이다. 누구보다 자유로운 듯 하면서도 자신이 정한 룰과 스타일을 고수하며 살고 있다. 그녀의 원룸도 이러한 특성을 고스란히 닮았다. 이층침대, 레드 컬러 캐비닛, 빈티지 디자인의 책상 등 언뜻 보면 저마다 다른 스타일의 가구라고 생각되지만, 자세히 보면 레트로라는 하나의 감성을 좇고 있다. 각각의 소품들을 정리해놓은 동선만 해도 그렇다. 오랜 자취경력으로 자신만의 라이프스타일과 노하우가 분명한 그녀는 손이 쉽게 닿을 수 있는 곳에 가장 편하게 쓸 수 있는 동선으로 모든 소품을 정리해 놓았다. 스타일이 확고한 그녀였기에 주문도 어느 때보다 간단했다.

"제가 좋아하는 스타일은 '레트로'예요. 레드 컬러가 포인트가 되는 레트로 스타일로 꾸미되, 많은 책

after
가구를 재배치해 확보된 공간에 책장을 두고, 책은 가지런히
수납해 한결 정돈돼 보인다.

before
책을 탑처럼 쌓아 불안정해 보이는 내부.

들을 언제든 꺼내볼 수 있게 정리했으면 좋겠어요. 가능하다면 이층침대의 위치도 바꾸고요."
그녀의 원룸은 기존의 가구들은 그대로 활용하되, 가구 배치를 바꿔 공간을 확보하고, 책장을 만들
어 많은 책들을 수납하는 식으로 홈드레싱이 이뤄졌다. 가구 배치를 바꿔 확보된 공간에 책장을 두
고 수많은 책들을 정리한 것은 물론, 그녀가 갖고 있던 기존의 가구에 컬러감을 더해 그녀가 원하던
레트로 스타일을 완성했다.

MDF 수납함으로 만든 책장 책상 옆 레드 캐비닛을 옮긴 자리에는 책상 뒤쪽에 있던 서랍장을 놓고, 그 위로 MDF 수납함을 올려 책장을 만들었다. 서랍장과 비슷한 월넛 컬러로 골라 통일감을 준 것은 주목할 만한 스타일링 포인트.

빠꼼언니's advice
폭 넓은 MDF로 책을 이중 수납 책을 수납할 공간이 비좁을 때는 폭이 넓은 책장이나 MDF 수납함을 활용할 것 자주 보지 않는 책은 안쪽에, 자주 보는 책은 바깥쪽에 이중으로 수납하면 책을 두 배는 더 꽂을 수 있다.

before
두 서랍함과 책으로 둘러싸여 답답해 보이는 책상 주변.

복잡한 현관 입구.

감추는 수납으로 현관을 깨끗하게 현관 앞
에 신발이나 소품들이 늘어져 있는 것보다
는 신발장이나 수납함에 넣어 안보이도록
감추는 것이 정돈돼 보인다. 현관 앞에 서
있던 자전거는 베란다로 보내고, 신발장 위
에 늘어진 소품을 치운 뒤 신발은 모두 신
발장에 넣었다.

부피가 큰 이층침대를 벽면에 붙이면 그만큼 활용할 수 있는 공간이 줄어든다. 따라서 이층침대를 방 한 가운데로 옮겨 나머지 공간을 활용하는 방법을 모색했다.

로망이었지만 어느 새 짐이 돼 버린
이층침대는 어느 쪽으로 옮겨도 애매했다.
차라리 방 한 가운데에 놓고 침대를 중심으로
공간을 재구성하는 것이 낫겠다는
판단 하에 캐비닛과 행거는 침대의 왼쪽에,
책상과 책장은 오른쪽에 배치했더니
공간이 한층 넓어졌다.

레드 캐비닛을 안쪽으로 옮기고,
바로 옆에 행거를 둬 간이 드레스룸처럼
꾸몄다. 샤워한 뒤 바로 옷장 쪽으로
직행할 수 있어 동선도 최적화됐다.

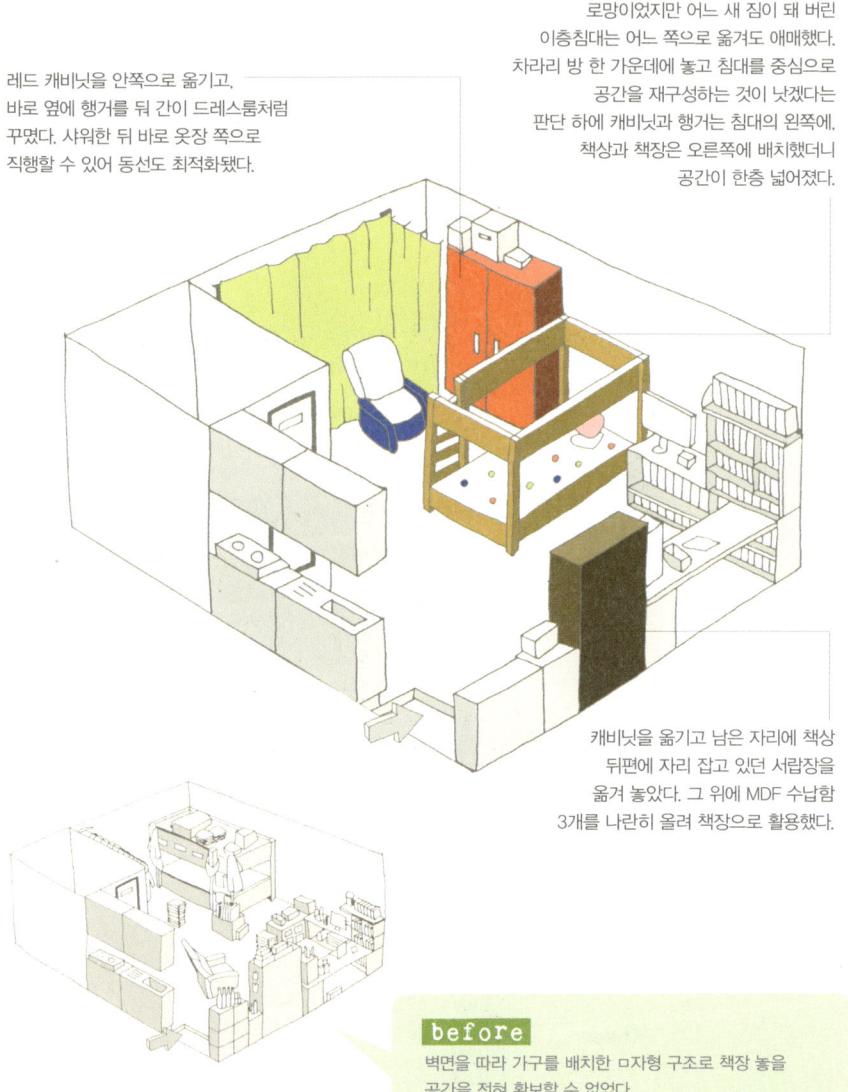

캐비닛을 옮기고 남은 자리에 책상
뒤편에 자리 잡고 있던 서랍장을
옮겨 놓았다. 그 위에 MDF 수납함
3개를 나란히 올려 책장으로 활용했다.

before
벽면을 따라 가구를 배치한 ㅁ자형 구조로 책장 놓을
공간을 전혀 확보할 수 없었다.

낙서를 좋아하는 민경 씨를 위해 캐비닛이나 창문에 그림을 그렸다가 지우기를 반복할 수 있는 글라스 마카를 준비했다.

총 비용을 확인해 보자!

기구 및 패브릭

책장(MDF) 마석가구단지 구입 7만5천원
침대 커버 프렌치볼 12만원
커튼 20001아울렛 제품 4만원

각종 인테리어소품

조명 마켓엠 제품 2만5천원
수납박스 한샘 제품 3만원
투명 정리함 무인양품 제품 1만원
책상 벽보드 20001아울렛 제품 1만5천원
서류 정리 파일 까사미아 제품 5만원
레터링 펜 호미화방 제품 1만원
＋ 기타 화분 등 2만원

총 39만5천원

1 수납의 기본 정리를 잘하는 것은 깨끗이 하는 것도 중요하지만 자리를 잘 찾아 일상 생활에 사용하기 편리하게 하는 것이 가장 중요한 기술이다. 내용물이 보이는 수납 함과 보이지 않는 수납 함을 적절히 믹스하여 보기도 좋고 찾기도 쉽게 정리하며, 서류 등은 바인딩해서 카테고리별로 정리하고 수납형 상자는 작은 소품을 종류별로 나눠 사용할 수 있어 좋다. **2 캐비닛 위 자투리 공간을 활용하라** 캐비닛이나 옷장 위 남는 공간을 활용하면 여러 가지 짐을 충분히 수납할 수 있다. 이때 단단한 재질의 상자를 이용하면 흐트러짐 없이 물건들을 수납할 수 있어 좋다. **3 틈새 공간 활용하는 문걸이 수납** 펜이나 네일 컬러 등 자투리 소품이 많은 민경 씨를 위해 문걸이 수납을 제안했다. 고리가 부착된 형태로 제작돼 있어 어느 문에든 쉽게 고정시킬 수 있으며, 자잘한 소품을 각각 따로 수납할 수 있는 형태라서 실용적이다.

singles

interior

수납·정리로 원룸의 답답함을 해결하다
C.I. 디자이너 조소연

책상과 책장은 물론 바닥과 싱크대까지 빼곡히 들어찬 책, 한 쪽 바닥을 가득 채운 쇼핑백 안에 들어 있는 가방, 옷장에 뒤엉켜 있는 옷들…. 금방이라도 이사를 갈 집처럼 정리되지 않은 C.I. 디자이너 소연 씨의 원룸이 수납의 힘으로 180°바뀌었다.

information

주인장 30세 디자이너, 조소연
주거 형태 10평의 다세대 원룸 1층
문제점 싱크대 하부장에까지
수납돼 있을 만큼 넘쳐나는 책과
제자리를 잡지 못한 가방, 옷 등
수많은 짐이 한데 뒤엉켜 있는
지저분한 구조.
키워드 수납

좁은 원룸 두배 넓게 쓰는
수납의 기술

1주일에 5일 야근, 집에 돌아오면 지쳐 잠들고 아침에 일어나면 출근하기 바쁜 전형적인 워킹우먼 소연 씨는 절대적으로 부족한 잠을 보충하기 위해 토요일 하루를 꼬박 보내고, 일요일에는 그동안 만나지 못했던 친구들을 만나 수다를 떨거나 쇼핑과 공연 관람 등 재충전의 시간을 갖기 위해 어김없이 외출을 한다. 집에 머무는 시간이 얼마 되지 않는데다가 정리를 모르고 살아온 그녀의 낙천적(?)인 성격은 집안이 이 지경까지 방치되는데 한 몫 톡톡히 했다.

그녀가 살고 있는 원룸의 가장 큰 문제점은 짐이 제대로 정리돼 있지 않다는 것. 그래서 원룸이지만 잠을 자는 곳과 작업을 하는 곳, 옷을 두는 곳 등으로 공간을 나누고 공간별 적절한 수납으로 많은 짐을 해결하기로 했다.

우선 높낮이가 다른 책상 두 개가 나란히 놓여있던 것을 분리해 작업에만 오롯이 집중할 수 있는 공간과 식탁·화장대 등 멀티로 활용할 수 있는 공간으로 나누고, 작업과 관련된 디자인 서적은 전자에, 가볍게 읽을 수 있는 책은 후자에 수납했다. 다음으로 문제가 됐던 옷 수납은 간단한 정리와 수납 상자로 해결했다. 철지난 옷은 수납 상자에 넣은 뒤 옷장 위에 올려 버려지는 공간을 십분 활용했다. 나머지 옷들은 종류별로 서랍장에 넣고, 옷걸이는 한 종류로 통일하니 오히려 수납 공간이 남았을 정도로 짐의 부피가 줄었다.

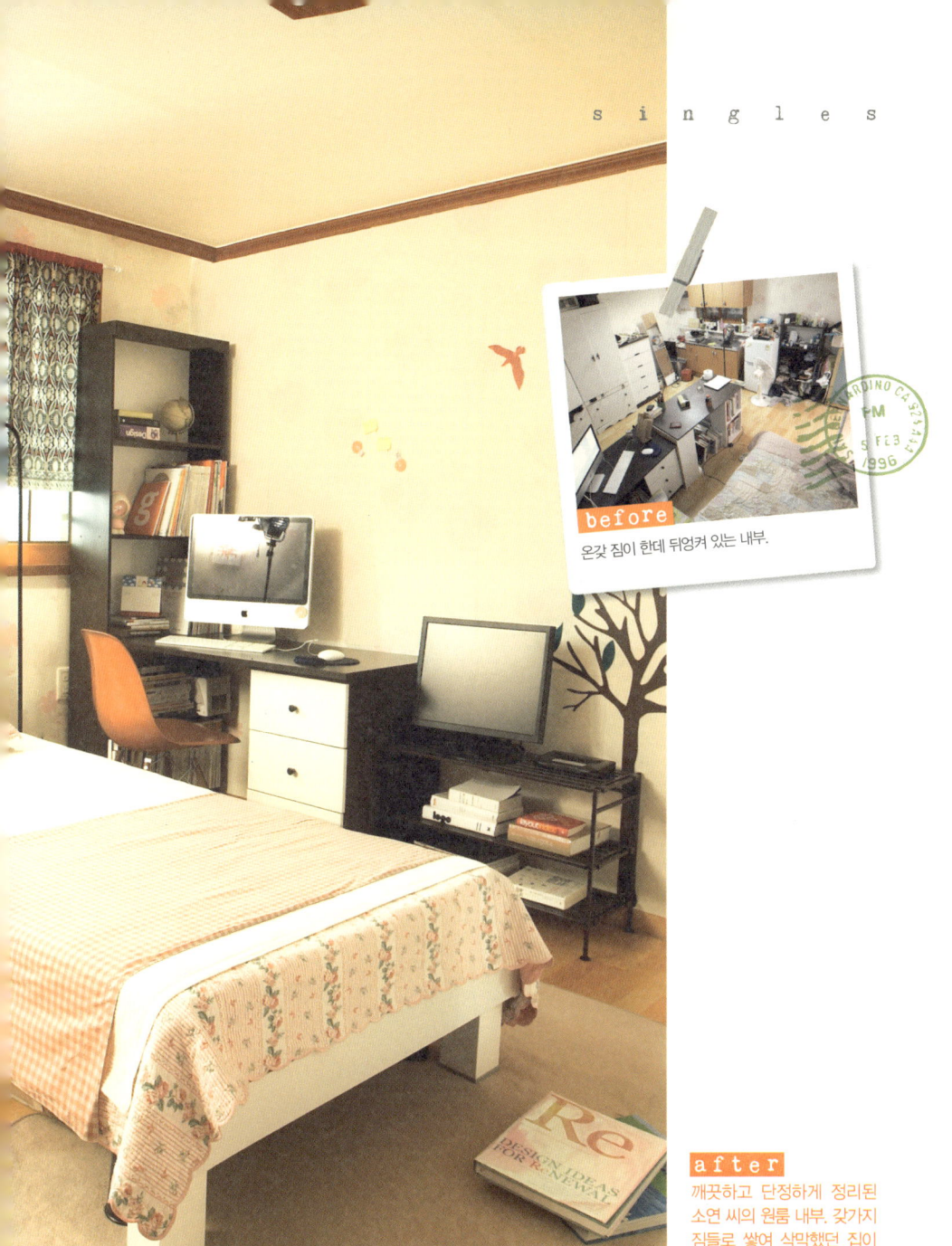

before

온갖 짐이 한데 뒤엉켜 있는 내부.

after

깨끗하고 단정하게 정리된
소연 씨의 원룸 내부. 갖가지
짐들로 쌓여 삭막했던 집이
온기가 넘치는 그녀만의 아
지트로 바뀌었다.

수납정리로 늘어난 공간 활용 신발장 안에 신발 정리대를 넣어 많은 신발들을 가지런히 정리하니 현관 앞이 한결 넓어졌다. 신발장 위 녹색식물은 빈티지한 신발장과 어우러져 멋스러운 분위기를 연출했다.

현관을 들어서면 바로 보이는 곳. 신발장 바로 옆에 옷가지와 화장품을 놓는 수납 공간이 있어 미관은 물론 위생적으로도 좋지 않다.

before

신발 정리대 신발을 위 아래 칸으로 나눠 정리할 수 있는 신발 정리대를 활용하면 신발장 속 공간을 두 배로 활용할 수 있다. 다이소 제품.

집중도 높여주는 작업 공간 두 개의 책상 중 하나로는 작업을 하는 공간을 만들고, 그 옆에 다용도 수납 선반을 놓아 책과 컴퓨터를 놓았다. 책상 앞 벽면에는 펠트 시트지를 붙여 메모판으로 활용할 수 있게 꾸몄다.

빠꼼언니's advice
침대와 책상의 위치만 바꿔 침대를 방 가운데에 배치하고, 책상은 침대를 사이에 두고 각각 반대쪽으로 배치했다. 작업 공간으로 활용하는 책상은 안쪽에, 멀티 테이블은 현관 쪽에 배치했는데, 창을 등지고 책상에 앉는 예전보다 집중력이 높아지는 효과가 있다.

before

두 개의 테이블을 하나로 붙여 사용하던 작업 공간. 높이가 다른 두 개의 책상을 붙여 놓아 작업의 효율이 떨어지고 책도 정신없이 쌓여 있다.

원룸의 공간을 효율적으로 분리한 동선 배치!

소연 씨는 지인의 조언으로 이미 한 차례 동선을 바꿨다. 모든 가구를 ㄷ자로 벽에 붙인 형태로, 침대에서 일어나면 바로 작업을 할 수 있도록 책상을 침대 옆에 두고, 작업 공간을 넓게 쓰기 위해 책상 두 개를 붙여 놓았다. 반경 1m 안에서 휴식과 작업 모두가 가능하다는 이점이 있지만, 침대에서 욕실을 가기에 불편하고 책상이 방 가운데에 있어 복잡하게 얽힌 전선이 그대로 드러나는 단점도 있었다.

옷장 위 자투리 공간에는 철 지난
옷을 넣은 수납 상자를 올려 틈새까지
수납 공간으로 활용했다.

집에서 거의 잠만 자고 나가는 소연 씨가
가장 많은 시간을 보내는 침대를
방 한 가운데 배치해 침대에서 욕실로도,
책상으로도, 싱크대로도 편리하게 이동할 수 있다.

두 개가 나란히 놓여 있던 책상 중 하나를
활용해 새롭게 만든 멀티 테이블.
현관 옆에 있던 죽은 공간을 활용한 것으로
간단한 작업을 하거나 식사를 하고 독서를
하는 공간으로 사용할 수 있다.

before

벽면을 따라 모든 가구가 ㄷ자형으로배치된 구조.
자고 일어나면 바로 책상 앞에 앉아 작업할 수 있도록 침대
와 책상을 가까이 배치했으나, 침대에서 욕실로 가기 불편하
다는 단점이 있다.

문걸이용 옷걸이로 공간 활용

총 비용을 확인해 보자 !

가구 및 수납용품

디자인 체어 중고카페 이용 5만원
사각스툴 G마켓 제품 6만8천원(2개)
2단 선반랙 코스트코 제품 2만7천원
종이 수납 상자 옥션 제품 1만원(5개)
플라스틱 상자 이마트 제품 2만6천원
브레드 스탠드 OTTO 제품 3만원
문에 거는 옷걸이 홈에버 제품 1만9천원
옷걸이 코스트코 제품 2만원
신발 정리대 다이소 제품 1만4천원

각종 인테리어소품

커튼&커튼봉 동대문 종합상가 1만1천원
침대 러너 동대문 종합상가 2만원
펠트 필름지 대형문구점 2만5천원
코르크판 2001아울렛 제품 2만원
＋ 화분류 과천 화훼단지 1만4천원

총 35만4천원

1 옷장 속 옷걸이를 통일하라 옷걸이를 한 가지 종류로 통일하면 옷걸이 부피가 줄어들어 옷장을 좀 더 넉넉하게 쓸 수 있다. **2 수납에는 정해진 원칙이 없다** 싱크대 하부장 안까지 책을 쌓아뒀던 소연 씨의 아이디어를 주목할 것. 집에서 요리를 하지 않기 때문에 가능한 것으로, 책이 습기에 뒤틀리거나 곰팡이가 슬지 않도록 방습제를 함께 넣는 센스가 필요하다. **3 정리와 수납으로 공간 활용** 옷장 속과 서랍에 옷을 계절·소재·종류별로 정리하고, 철 지난 옷들은 수납 상자를 활용해 깔끔하게 정리했다. **4 다목적 가구를 활용하라** 원룸에 살 때는 좁은 공간에 여러 가지 가구를 두는 것도 부담스럽다. 이럴 때 활용하면 좋은 것이 다목적 가구. 의자는 물론 테이블로 활용할 수 있는 스툴 등이 대표적이다.

s i n g l

e s

왼쪽부터 옥션의 사각 레드 스툴과 모어인몰의 그래픽 스티커(p88), 코즈니의 옐로 컬러 화병(p22), 세컨드 호텔의 화폐 패턴 휴지(p48), 가구인의 툴릭스 체어(p118), 키티퍼티포니의 프린팅 쿠션(p118), 까사미아의 스마일 빗자루 세트(p34), 올리브키스의 빈티지 스타일 조명(p118), 메가룩스의 후추통 조명(p22), 이케아의 모듈 테이블(p62).

동선

조명

컬러

식물

스타일

수납

퍼니처

소품

코스트

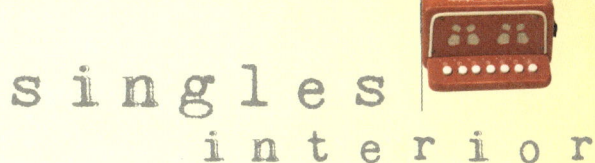

singles
interior

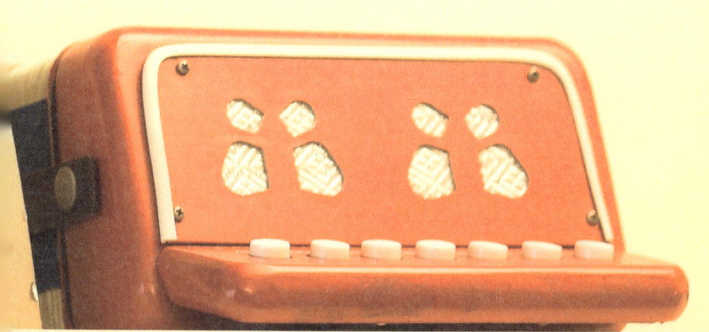

뉴올리언스 출신 재즈 뮤지션의 포스를 풍기는 승민 씨. 보물 1
호인 6백여 장의 CD와 색소폰, 게임기, 만화책이 가득해 흡사
레코드가게나 만화방, 게임방을 연상케 하는 그의 아지트에 수
납가구 하나를 들이는 것만으로 환골탈태하는 놀라운 변화가 일
어났다.

information

주인장 31세 재즈 색소포니스트 한승민
주거형태 낡고 오래된 12평의 오피스텔
문제점 딱히 놓아둘 곳 없어 방치되고
있는 6백여 장에 달하는 CD와 취미로
모은 만화책의 제자리를 찾아줄 것!
키워드 수납 가구

환골탈태의 변신을 주도한
화이트 컬러의 CD장

음악과 게임, 만화책을 사랑하는 열혈청년이자 감미로운 선율을
연주하는 섹소포니스트 승민 씨. 홍대에 위치한 그의 오피스텔은
중학교 시절부터 15여 년 이상 모아온 6백여 장의 CD, 색소폰, 게
임기로 가득 차 있었다. 마니아적인 감성 충만한 그의 취향이 고
스란히 묻어나는 이 공간은 그가 일상생활을 하는 자신만의 아지
트로, 아름다운 재즈 선율을 작곡하는 작업실로, 친구들과 게임을
즐기는 휴식 공간으로 변신에 변신을 거듭하고 있다.

대부분의 시간을 이곳에서 보내는 그는 몇 가지 불만사항을 토로
했다. 낡고 오래된 CD장은 수납이 원활하지 못해 그가 애지중지
하는 CD들이 상자에 담긴 채 여기저기 쌓여 있으며, 그가 수집한
만화책과 게임 CD도 제자리를 찾지 못했다. 짐들이 복잡하게 뒤
엉켜 있는 작업 공간은 한 없이 비좁고, 라면상자가 신발장을 대
신했다.

여러 가지 문제 중 가장 시급한 것은 CD수납. 6백여 장의 CD만
한 자리에 정리해도 집안이 한결 정리돼 보인다는 것이 스타일리
스트의 조언이었다. CD장과 함께 만화책을 수납할 수 있는 책장
도 마련했다. 단, 집안 전체에 엄습해 있는 칙칙한 기운을 걷어내
기 위해 CD장과 책장은 화이트 컬러로 통일했다. CD와 만화책
이 자리를 찾고 나니 그의 집도 차츰 정리가 됐다. CD가 담겨있
던 상자들이 치워지니 그의 작업공간이 한층 쾌적하고 넓어졌으
며, 사용하던 책장 중 키가 낮은 것은 신발장으로 대체하는 등 집
주인인 그도 놀랄 정도로 180° 바뀌었다.

before
갈 곳 잃은 만화책과 CD가
복잡하게 쌓여있는 내부.

after
키가 낮아 수납의 효과가 부
족한 수납장 대신 키가 높은
책장과 CD장으로 교체, 만
화책과 CD를 위 공간까지
모두 수납하여 내부 공간이
몰라보게 바뀌었다.

한층 넓고 쾌적해진 작업 공간 그에게 더없이 귀중한 작업 공간. 아름다운 음악을 작곡하기 위해서는 집중할 수 있는 쾌적한 공간이 필요하지만 실상은 CD 상자와 각종 장비, 짐들이 엉켜 있었다. CD와 책은 각각 수납장으로 보내고, 꼭 필요한 장비만 정리해 쾌적한 공간을 만들었다.

before
CD가 들어 있는 상자와 여러 가지
짐들로 비좁고 불편한 작업 공간.

수납 바구니 자질구레한 용품이 많은 싱글들에게는 용도별로 나눠 정리할 수 있는 수납 바구니가 제격이다. 그릇 정리대 겸으로 활용할 수 있는 수납 바구니. 이케아 제품.

용도에 맞는 수납장으로 공간을 효율적으로 활용 공간을 효율적으로
활용하려면 키 낮은 장보다 키 큰 장이 효율적이다. 또한 수납 효과를 증대
시키려면 용도에 맞는 수납장을 고르는 것도 중요하다. 6백여 장의 CD를
모두 수납할 수 있는 CD장과 만화책을 깨끗하게 정리할 수 있는 책장을
놓아 승민 씨의 애장품이자 골칫거리였던 CD와 만화책을 보기 좋게 정리
했다.

before

빠꼼언니's advice

좁은 공간에는 화이트 컬러 가구가 제격 싱글들이 살고 있
는 원룸은 대부분 10평 안팎이다. 이런 비좁은 공간을 조금이라도
넓어 보이게 하는 데는 화이트 컬러 가구만한 것이 없다. 게다가
화이트 컬러 가구는 집안 분위기를 화사하게 바꾸는 효과도 있다.

키 낮은 CD장에는 CD를 모두
수납할 수 없을 뿐 아니라
CD장 위쪽으로 여러 가지 물건을
쌓아놓게 돼 지저분하다.

수납 가구 하나만으로 공간을 효율적으로 정리

승민 씨의 가장 큰 고민은 자신의 애장품이자 작업에 필요한 CD를 효과적으로 수납하는 것. 그의 고민을 떨쳐버릴 수 있는 해결책으로 용도에 맞는 수납장을 활용했다. 기존의 키 낮은 CD장이 있던 자리에 키 큰 CD장과 책장을 놓아 부족한 수납을 해결하고, 기존 수납장을 재활용해 현관 앞 신발들을 정리했다.

신발장이 없어 라면상자로 대신했던 현관 앞 공간에 새 CD장과 책장을 놓으면서 쓸모 없게 된 수납장을 놓아 현관 앞을 깨끗하게 정리했다.

기존 수납장 대신 키 큰 CD장과 책장을 놓아 부족한 수납을 해결했다. 수백 장의 CD와 만화책이 제자리를 찾고 나니 집안이 한결 넓어 보인다.

TV와 게임기의 전선이 그대로 노출돼 현관을 들어서면 지저분해 보였던 곳. 수납장을 돌려놓는 것만으로도 전선을 가리고, 현관에서 안쪽 공간이 보이는 것을 막아주는 효과도 있다.

before

가구 배치나 동선에는 문제가 없지만 중학생 시절부터 모은 수백 장의 CD가 수납장을 가득 채우고도 남아 집안 곳곳에 늘어져 있는 것이 고민.

1 가구로 공간을 감추는 트릭을 활용하라 현관에서 집안이 들여다보일 때, 전선이나 소품 등이 지저분하게 노출된 것을 커버하고 싶을 때 주변 가구를 적절하게 활용해 보자. 벽면을 등지고 있는 가구를 필요한 쪽으로 방향을 돌리면 파티션으로서의 역할을 톡톡히 한다. **2 키 큰 수납장으로 수납 공간 백배 활용** 키 낮은 수납장은 수납 공간이 부족할 뿐 아니라 가구 위로 짐을 쌓게 돼 집안이 지저분해 보인다. 키 큰 수납장은 수납 효과를 배가시킬 뿐 아니라 공간도 알뜰히 활용할 수 있도록 돕는다. **3 쓸모 없게 된 가구도 다시 보자** 집안을 정리한다는 이유로 가구를 모조리 버리고 새로 구입하는 것은 옳지 않다. 수납장을 신발장으로, 스툴을 테이블로 활용하는 식으로 가구의 용도를 바꾸는 센스를 발휘하면 인테리어 비용을 아낄 수 있다. 재활용품을 분리하는 본래의 용도 뿐 아니라 각종 소품들을 담아놓는 수납함으로도 활용할 수 있는 분리수거함은 2001 아울렛 제품.

총 비용을 확인해 보자!

가구 및 패브릭

CD장&책장 인터파크 제품 26만5천원
침대커버 동대문 종합상가 2만원

각종 인테리어소품

주방 수납대 이케아 제품 3만원
기타 데코 소품(스티커·멀티백 등) 4만원

총 **35만5**천원

singles interior

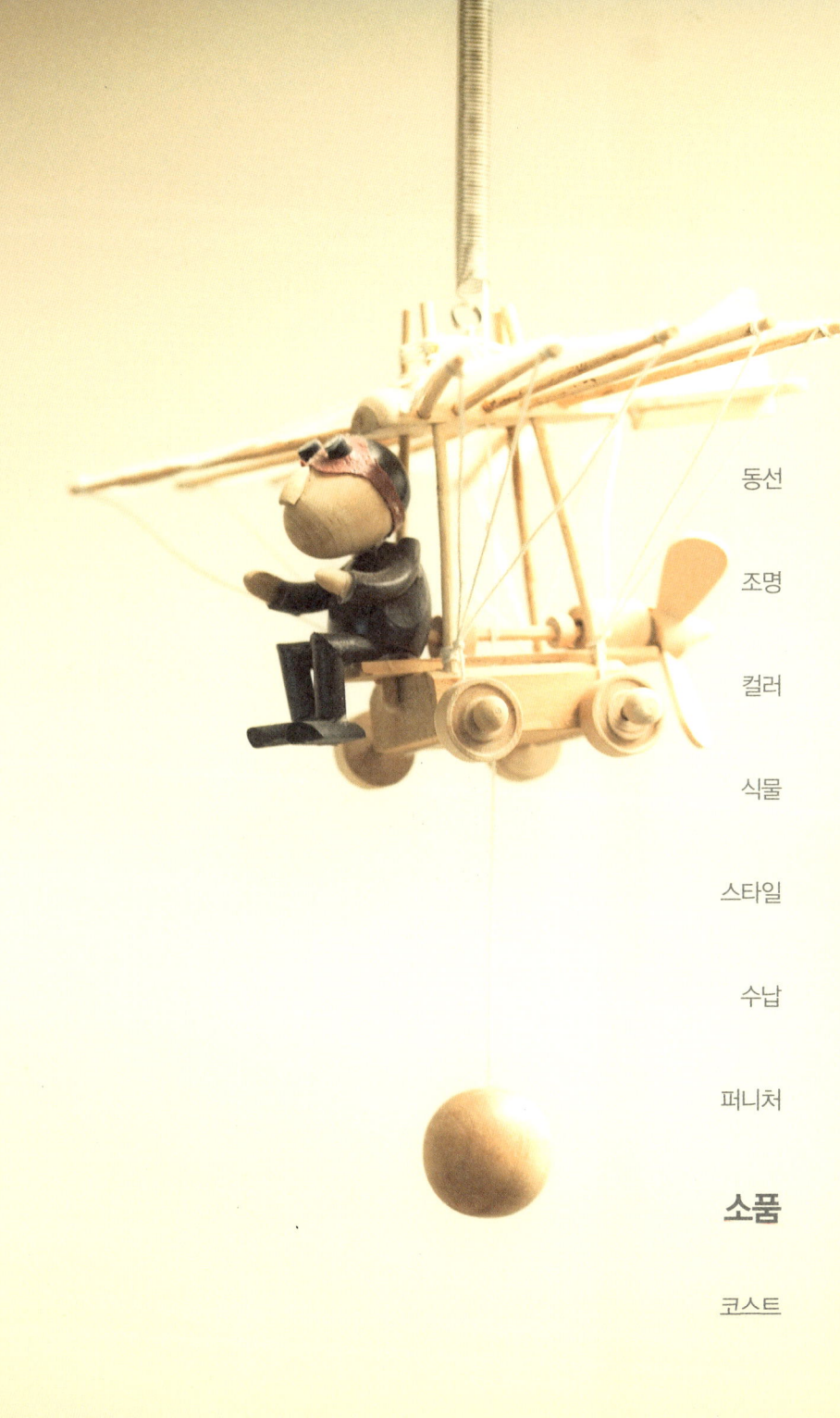

초보 싱글을 위한 노하우 전수
대학생 양지예

대학생이 되면 누구나 꿈꾸는 독립생활. 대학교 2학년생인 지예 씨는 대학교 입학과 함께 그동안 꿈꿔왔던 싱글라이프를 시작했다. 서투르지만 설레는 싱글라이프를 시작한 그녀가 당당하고 멋지게 독립할 수 있도록 실생활에 도움이 되는 리얼 노하우를 전수했다.

information

주인장 21세 대학생 양지예
주거 형태 4.5평(실 평수)의
다세대 지하 원룸
문제점 이제 막 부모님의 그늘에서
벗어나 독립된 생활을 시작한
초보 싱글로서, 살림 노하우도
부족해 집안 정리가 쉽지 않다.
키워드 노하우

전문가의 조언으로
당당한 싱글 라이프를 완성하다

대학교에 입학하면서 자취생활을 시작한 풋풋한 여대생 지예 씨. 1년의 고시원 생활을 청산하고 넉 달 전 학교 근처 다세대 원룸에 조그마한 보금자리를 마련한 그녀는 생애 첫 싱글라이프에 부푼 기대를 안고 있다. 하지만 처음 시작하는 살림이다보니 제대로 갖춰진 것 없이 서툴고 부족하기만 한 것이 문제. 특히 대학생인 그녀에게 있어 가장 중요한 책상 주변은 책과 화장품 등이 뒤엉켜 있어 공부에 집중하기 쉽지 않았다. 이제 막 홀로서기를 하기 시작한 그녀를 위해 간단한 생활법칙을 만들기로 했다. 책상 위에는 책과 학용품들만 정리하고, 책상 옆 거울을 달아 화장대 대용으로 활용하기로 했다. 현관 앞에는 재활용품을 담을 수 있는 바구니를 놓는 등 간단한 몇 가지 생활 법칙을 세웠더니 그녀의 집에 변화가 찾아왔다. 재활용품은 바구니에, 화장품은 수납장에 정리하는 등의 정리의 룰을 지키면서 집안이 한결 깨끗해진 것. 스타일리스트의 조언을 통해 그녀는 아직 부족하지만, 자신만의 라이프스타일을 조금씩 만들어가기 시작했다.

초보들이 정리하기 어려운 전기선. 앙증맞은 전선 정리용품을 활용하면 전기선도 깨끗하게 정리할 수 있다.

before
책과 화장품 구분 없이 복잡한 책상 위.

책상과 화장대의 역할 분리 대학생이 되고나서 화장품에 부쩍 관심이 많아진 지예 씨. 쾌적한 공부 환경을 만들기 위해 그녀에게 꼭 필요한 것은 화장대였다. 책상 옆 기능을 알 수 없던 수납장에 각종 화장품을 수납하고 수납장 위에 거울을 달아 그녀만의 간이 화장대를 만들었다.

각종 신발과 빈 병들이 놓여
있어 지저분한 현관 앞 전경.

행운을 들이는 쾌적한 현관 만들기

현관에서 정면으로 보이는 곳에 거울
이 있으면 풍수지리상으로는 복이 나
간다고 한다. 이를 방지하는 효과로
거울에 시트지를 붙여 현관 분위기를
화사하게 연출하고, 재활용품을 담을
수 있는 바구니를 놓아 쾌적한 환경
을 만들었다.

빠꼼언니's advice
초보 싱글들은 바구니를 활용할 것

이제 막 독립된 생활을 즐기는 싱글들에게
는 세간도, 살림 노하우도 부족하기 마련.
그러다보면 집안 정리가 제대로 되지 않아
애를 먹는 경우가 많다. 이럴 때는 바구니
를 활용해 보자. 크기별, 모양별로 준비해
재활용품이나 세탁물을 담고, 수납장 속 소
품을 정리하거나, 화장품과 학용품을 수납
하는 등의 용도로 활용하면 좋다.

이동이 불가능한 붙박이가구, 방 한가운데에 서 있는 용도를 알 수 없는 기둥 등 만만치 않은 조건의 공간을 생애 첫 싱글 원룸으로 마련한 지예 씨. 초보 싱글의 공간을 변화시킨 것은 새 가구나 공간의 이동이 아닌, 간단한 몇 가지 정리 팁이었다.

현관과 정면인 곳에 거울이 있으면 풍수지리적으로는 복이 달아난다고 한다. 이를 방지하기 위해 거울에 시트지를 붙이고, 거울 옆쪽 벽면에는 가족사진과 작은 소품을 수납할 수 있는 수납 주머니를 달았다.

용도가 불분명했던 수납장에 화장품과 빗, 고데기, 네일 케어 제품 등을 수납하고, 위쪽에는 거울을 달아 그녀에게 꼭 필요한 화장대를 만들었다.

그녀의 집 화장실 앞쪽에는 빈 병과 페트병이 세워져 있어 화장실을 갈 때면 피해가야 하고, 가끔 실수할 때는 우르르 넘어지기도 했다. 이곳에 재활용 바구니를 놓아 빈 병과 페트병을 정리했다.

before

첫 독립생활인 만큼 세간이 부족한 지예 씨의 원룸.
부족한 세간만큼이나 살림 노하우도 부족해
그녀의 원룸은 도통 정리가 되지 않았다.

1 비비드한 철제 보드로 책상 위에 에지를 중요한 일은 메모 하는 습관을 갖고 있는 지예 씨. 그러다보니 그녀의 책상 위 는 온갖 메모가 빼곡하게 붙어 있다. 이런 메모들도 에지 있 게 정리할 수 있도록 책상 위에 레드 컬러의 철제 보드를 붙 였다. 철제 보드에는 메모지와 연필을 꽂아두는 것도 잊지 않았다. **2 거울 하나만으로 화장대로 변신!!** 꾸미는 일에 민감 한 여대생임에도 불구하고 화장대가 없던 그녀. 수납장 위에 그녀의 눈높이에 맞춰 섬세한 조각 몰딩의 거울을 붙여 화장 대로 활용할 수 있도록 꾸몄다. **3 재활용품은 바구니에 정리** 재활용품은 집안을 어지럽히는 주범. 집에서 요리를 거의 하 지 않는 싱글이라면 여러 개의 분리수거용 박스나 바구니를 두는 것보다 커다란 바구니 하나에 재활용품을 모으는 것이 현명하다. 바구니에 모인 재활용품은 일주일에 1~2회 버리 는 습관을 들인다.

총 비용을 확인해 보자!

각종 인테리어소품

책상 주변 소품(철제 보드·수납 서랍 등) 3만원

화장대 정리 소품(거울·수납 바구니 등) 3만5천원

욕실용품(매트·바구니 등) 2만원

데코 시트 아리 제품 2만원

+ 전선 정리용품 이마트 제품 1만원

총 **11만5천원**

singles

interior

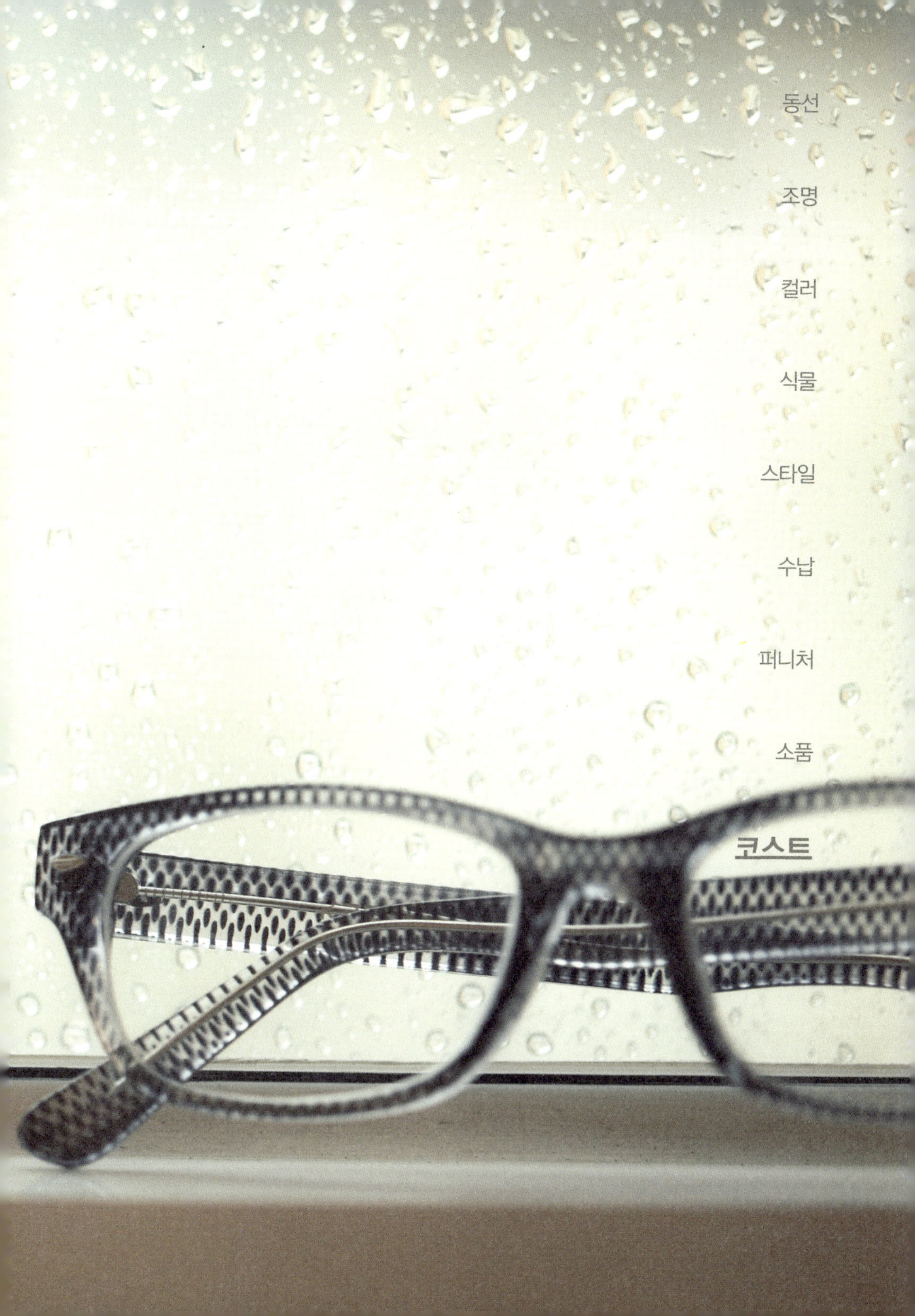

동선

조명

컬러

식물

스타일

수납

퍼니처

소품

코스트

생애 첫 싱글라이프를 꿈꾸다
편집 디자이너 이기호

시집간 누나의 집 옥탑방에서 생애 첫 싱글라이프를 시작하게
된 기호 씨. 몸을 누일 침대와 심심함을 달래줄 TV만 있어도
행복할 것 같다는 소박한 청년의 공간을 최저의 비용으로 심
플하면서도 실용적이고, 멋스럽게 꾸몄다.

information

주인장 29세 편집 디자이너 이기호

주거 형태 정원이 딸린 8평(실 평수)
의 옥탑방

문제점 최소의 비용으로 효율적인
공간 연출하기.

키워드 코스트

비용을 최대한 아껴 첫 독립 공간 꾸미기

누구나 나만의 독립된 생활을 꿈꾸지만, 그것이 현실이 되기에는 쉽지 않다. 어릴 적부터 싱글 라이프를 꿈꿔온 기호 씨의 경우에도 번번이 '독립 만세'의 꿈은 무산됐다. 그러던 그에게 절호의 기회가 찾아왔다. 비록 더부살이지만 결혼한 누나의 집 옥탑에 자신만의 공간을 꾸밀 수 있게 된 것. '나만의 독립된 공간에 누울 수 있는 침대와 호젓한 여가 시간을 보낼 수 있는 TV만 있었으면 좋겠다'던 그의 소박한 꿈이 이뤄졌다.

갑작스럽게 이뤄진 독립이니만큼 비용을 최대한 줄여야 한다는 한계가 있어 큰 공사나 비싼 가구 대신 있는 것들을 활용해 심플하게 꾸미기로 했다. 그만의 공간으로 사용될 옥탑방은 좌우 천정이 비대칭적으로 경사가 이뤄진 세모꼴 형태. 이러한 개성 있는 구조 덕분에 화려하게 꾸미지 않아도 충분히 멋스럽고, 이국적인 느낌마저 나 큰 공사나 구조 변경이 필요치 않았다. 또한 기존에 아이들의

after
낮은 층고를 고려해 키 낮은 가구를 배치하고,
에지 있는 소품을 놓아 심플하게 꾸민 실내.

before
사람이 손길이 닿지 않은 듯 휑한 내부.

놀이방 겸 휴식공간으로 사용했던 곳이라 매트리스와 TV·테이블·소파·소형 냉장고 등의 기본
적인 살림이 구비돼 있다. 여기서 약간의 정리와 동선 배치로 모양새를 갖추고, 에지 있는 쿠션이나
액사 등 비교적 지렴한 소품으로 집주인만의 개성을 드러냈다.
"비록 누나 집에 마련한 공간이고 직접 구입한 가구를 채우지도 않았지만, 제 첫 싱글라이프를 시작
한 공간이라는 점이 제겐 더 큰 의미가 있어요. 앞으로도 이 심플한 공간에 제 개성과 취향을 마음껏
불어넣을 계획입니다."

before
창고처럼 짐이 쌓여 있던 공간.

포인트 소품으로 개성 넘치는 공간 연출 여러 가지 짐이 쌓여 있던 공간에 소파와 테이블을 놓고, 조명을 달아 아늑한 휴식 공간을 만들었다. 소파와 테이블, 트렁크 등은 기존에 있던 것을 활용하고, 컬러와 프린트가 강렬한 액자와 쿠션으로 개성 넘치는 공간을 연출했다.

안락함을 더하는 키 낮은 가구 기호 씨의 집은 천장이 비스듬하게 기울어진 층고가 낮은 옥탑방 형태. 침대는 프레임 없이 매트리스만 활용하고, 안락의자와 테이블·수납장 등 키 낮은 가구들을 높낮이가 다르도록 리듬감 있게 배치해 안락함을 더했다.

아이들의 장난감이 어지럽게 쌓여 있던 공간. 코너에 여러 가지 소품과 가구가 뒤죽박죽 수납돼 있다.

before

기존 가구들을 적극 활용해 효율적인 공간 꾸미기

이제 갓 싱글라이프를 시작한 기호 씨. 누나의 집 옥탑방에 자신의 공간을 꾸미게 된 그는 최저의 비용으로
최대의 효과를 누리는 심플한 컨셉트의 인테리어로 첫 독립 생활의 부담감을 떨쳤다.

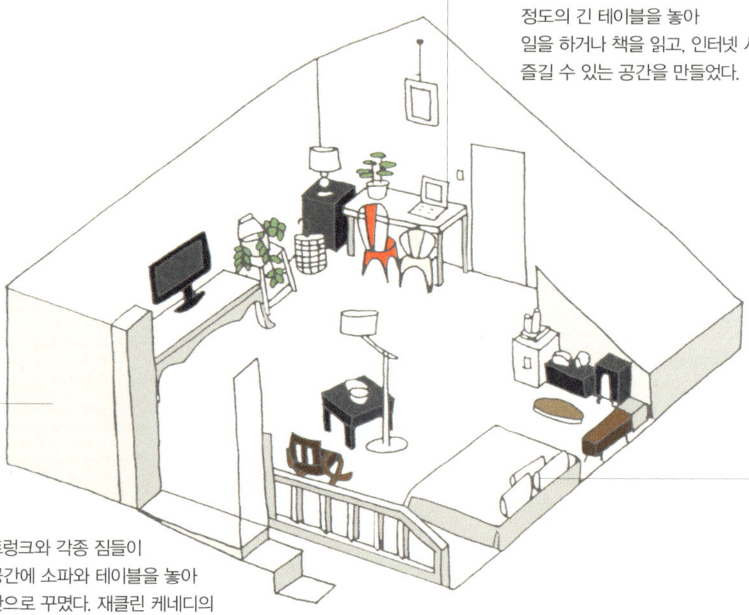

정원으로 연결되는 현관문 옆에는
두 사람이 앉아서 작업할 수 있을
정도의 긴 테이블을 놓아
일을 하거나 책을 읽고, 인터넷 서핑을
즐길 수 있는 공간을 만들었다.

여행용 트렁크와 각종 짐들이
쌓였던 공간에 소파와 테이블을 놓아
휴식 공간으로 꾸몄다. 재클린 케네디의
얼굴을 강렬한 팝아트로 표현한
시트지를 패널에 붙여 액자를 만들고,
화려한 프린트의 쿠션을 놓아 포인트를 줬다.

기존의 매트리스에 커버를 바꾼 것만으로
분위기가 확 달라진 침실 공간. 안락한
체어와 스탠드 조명을 놓아 좀 더 아늑한
분위기를 연출했다.

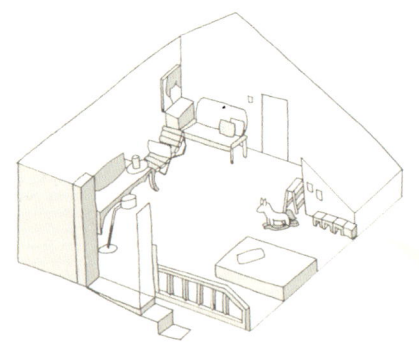

before

1층에서 올라올 수 있는 내부 계단과 정원으로
통하는 현관문이 있는 독특한 구조.
아이들의 놀이방 겸 휴게 공간, 창고로 쓰였던
공간이라 짐이 복잡하게 쌓여있었다.

1 기존 테이블을 TV 장식대로 재활용 생각보다 넓은 옥탑방은 기호 씨 혼자 사용하기에는 크기가 충분하다. 게다가 이제 갓 독립한 만큼 짐도 많지 않아 굳이 돈 들여 수납 가구를 들일 필요가 없다. TV 장식대도 주변 기기를 수납할 전용 장식대가 필요 없었기 때문에 기존의 테이블을 재활용해 TV와 DVD 플레이어를 올려뒀다. **2 좋아하는 소품을 모아 진열대 만들기** 그의 취미는 안경 모으기. 그가 좋아하는 여러 가지 디자인의 안경과 그가 가장 아끼는 앤티크 타자기 등을 한쪽 테이블에 함께 진열했다. 여기에 간접조명까지 비춰 근사한 갤러리 같은 효과를 냈다. **3 여러 번 강조해도 모자란 식물 인테리어** 혼자 사는 싱글들은 환기나 청소할 시간이 모자라다. 따라서 공기 정화에 효과적인 식물은 필수. 빈티지한 양철통에 길게 늘어지는 음지 식물을 담아두면 이것 하나만으로도 포인트 소품이 된다.

총 비용을 확인해 보자!

가구 및 소품

의자 가구인 제품 14만원
쿠션 키티퍼티포니 제품 개당 2만원
+ 액자 액자는 실사 프린트로 제작
- - - - - - - - - - - - - -
총 **16만원**

싱글들이 알아야 할 DIY 기술

know how 1

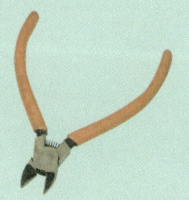

조명은 깜빡 거리고, 손잡이는 덜컹 거리고….
혼자 산다고, 손재주가 없다고 집안을 구질구질하게 방치하고 있는
싱글들을 위해 누구나 간단하게 시도할 수 있는
DIY 노하우를 소개한다.

포인트 스티커 붙이기

집안 분위기를 간단하게 바꾸고 싶다면 스티커 붙이기에 도전해 보자.
원하는 곳에 스티커를 붙이기만 하면 완성!
스티커가 뜨는 부위는 칼이나 시침핀으로 작게 구멍을 낸 뒤 공기를 빼낸다.

❶ **재료** 시트지, 가위
❷ 스티커를 붙이기 적당한 크기로 자른다.

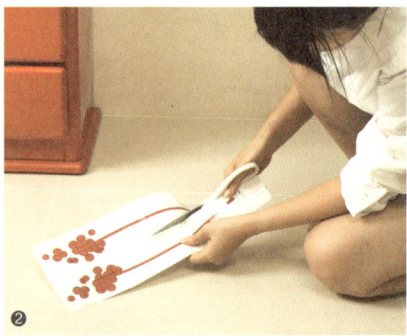

❸ 스티커 위에 접착력이 있는 투명 보조 시트를 붙인 뒤 스티커 뒷면의 종이를 떼어낸다.

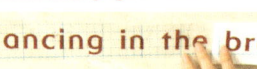

❹ 원하는 벽면에 스티커를 붙이고 한손으로 스티커를 눌러가면서 보조 시트를 떼어낸다. ❺ 레터링 스티커도 같은 방법으로 붙이되, 삐뚤어지지 않도록 가로세로를 맞춘다.

접착식 벽지로 포인트 주기

포인트 벽지를 붙이고 싶다면 접착식 벽지를 활용할 것!
시트지 형태의 접착식 벽지는 원하는 곳에
붙이기만 하면 돼 누구나 간단하게 시공할 수 있다.

❶ **재료** 접착식 벽지, 줄자, 가위, 칼, 마른 걸레
❷ 시공을 원하는 공간의 사이즈를 잰 뒤 접착식 벽지를 사방 2~3cm 여유를 두고 재단한다.

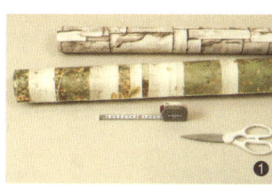

빠꼼언니's advice

접착식 벽지

접착식 벽지는 국내 벽지 중 인기 있는 디자인 위주로 출시되며, 가격은 1m 기준 5천원선이다. 넓은 면적에 붙일 수 있도록 도배 풀이 발린 벽지도 판매하는데, 도배 풀이 마르지 않도록 배송 받은 뒤 일주일 이내에 붙이도록 한다.

❸ 벽지를 윗면부터 공간의 크기에 맞춰 붙이기 시작한다. ❹ 벽에 완전히 접착시킬 때는 마른 걸레나 헤라로 벽면을 쓸어가면서 붙인다. ❺ 벽지를 붙이고 남은 여유분은 칼로 오려내 깔끔하게 마무리한다.

131

DIY 기술 ❸ 집안 분위기 180° 변신

색다른 분위기 연출하는 벽 페인팅

집안 분위기를 확 바꾸고 싶다면 페인팅이 해답이다. 한쪽 벽면을 원하는 컬러로 칠하고, 그에 어울리는 소품으로 데코를 하면 에지 있는 분위기를 연출할 수 있다. 실내에는 친환경 수성페인트를 사용하는 것이 좋은데, 방 1칸을 페인팅할 때는 1L 정도면 적당하다.

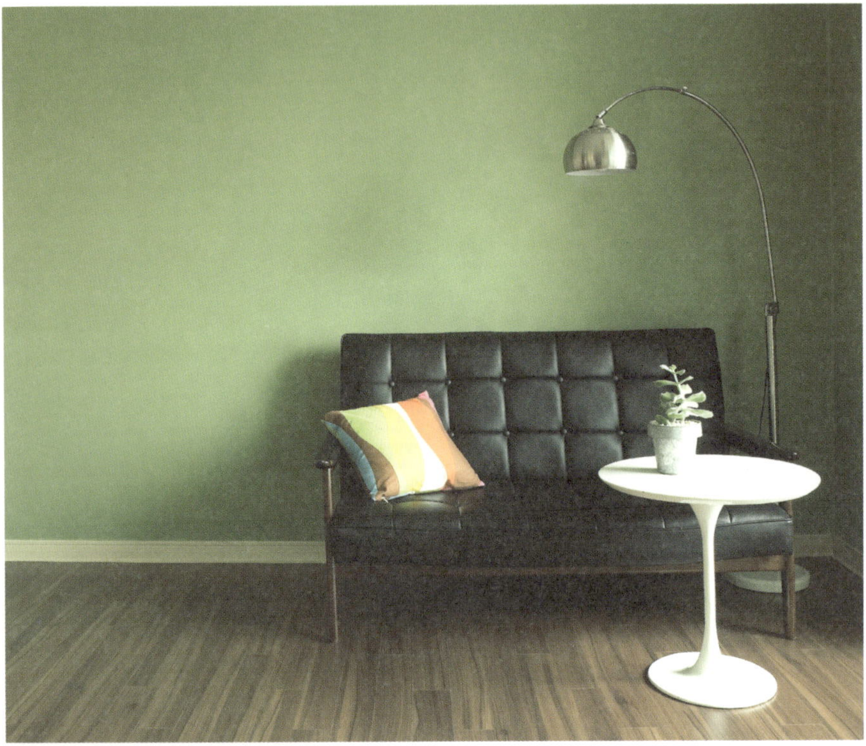

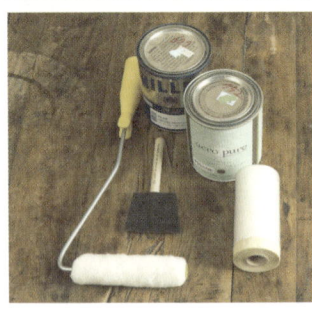

재료 수성페인트, 롤러, 스펀지 붓, 트레이, 비닐 마스킹테이프

❶ 바닥이나 가구 등에 페인트가 묻지 않도록 몰딩이나 모서리에 비닐 마스킹테이프를 붙인다. ❷ 페인트 통을 흔들어 섞은 뒤 개봉해 트레이에 적당량을 붓는다.

❸ 스펀지 붓에 페인트를 묻혀 몰딩과 이어지는 부분이나 모서리에 먼저 바른다. ❹ 롤러에 페인트를 적당량 묻힌다. 이때 페인트가 많이 묻으면 벽에서 흘러내려 자국이 남기 쉬우므로, 트레이 위에서 롤러를 여러 번 굴려 적당량을 고루 묻힌다. ❺ 벽지 위에서 롤러를 굴리며 페인팅을 한다. 이때 초벌은 가볍게 바르고, 최소 2~3번 정도 덧발라야 원하는 색상이 나온다. ❻ 벽에 페인팅이 끝나고 나면 비닐마스킹테이프를 밑에서 위로 떼낸다.

햇빛과 바람 막는 블라인드 달기

햇빛을 가리고 바람을 막기 위해서는 창가에 블라인드나 커튼 설치가 필수다.
하지만 설치 방법을 몰라 방치하는 싱글들이 의외로 많다.
알고 보면 쉽고 간단한 블라인드 설치 노하우.

❶ **재료** 블라인드, 전동 드릴, 블라킷

❷ 블라인드를 구입하면 함께 들어 있는 블라킷을 전동 드릴을 이용해 천정에 고정한다. ❸ 고정한 블라킷에 블라인드를 대고 딸깍 소리가 날 때까지 밀어 넣는다.

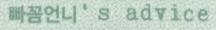

❹ 블라인드 옆쪽의 줄을 이용해 길이를 조정한다.

빠꼼언니's advice
블라인드
블라인드는 크기나 디자인이 다양하다.
설치할 곳의 특성에 맞는
디자인의 블라인드를 고르고,
무거운 것은 처지거나 빠질 염려가 있으므로
구입 전 반드시 테스트를 한다.

커튼을 다는 좋은 예

봉이 없어서, 혹은 레일이 없어서 커튼을 달지 못한다는 변명은 이제 그만.
커튼을 봉에 거는 방법 외에도
와이어나 리본, 압정을 이용해 간단하게 달 수 있는 응용 노하우를 소개한다.

❶ 압정을 활용하면 누구나 쉽게 커튼을 달 수 있다. 창문 틀이나 벽 몰딩 등 나무 소재로 된 곳에 커튼을 대고 적당한 간격으로 꾹꾹 눌러 박기만 하면 끝! 쉽게 단 만큼 쉽게 뗄 수도 있어 분위기를 바꾸거나 세탁 시 용이하다. ❷ 커튼의 무게를 견딜 수 있을 정도로 견고한 나뭇가지나 대나무와 리본테이프만 있어도 커튼을 쉽게 달 수 있다. 우선 커튼 위쪽에 적당한 간격으로 칼집을 낸 뒤 적당한 길이로 자른 리본테이프를 통과시킨다. 각각의 리본테이프를 나뭇가지나 대나무에 묶고, 피스로 벽면에 고정시킨다.

❸ 철물점이나 을지로 방산시장 등에서 판매하는 와이어를 사용하는 것도 방법. 와이어 집게로 커튼의 군데군데를 집은 뒤 양끝을 벽면에 고정시키면 쉽다. ❹ 가장 보편적인 방법은 커튼 봉을 활용하는 것. 커튼 봉은 대형마트나 동대문 종합상가에서 판매하며, 폭이 좁은 경우에는 압축봉을 사용하면 굳이 피스로 고정시키지 않아도 되므로 여성들이 활용하기에 적당하다.

여러 가지 펜을 활용한 데코 아이디어

윈도우 펜이나 우드 마커, 도자기용 마커 펜 등으로
원하는 곳에 그림을 그리거나 글씨를 써보자.
쓱쓱 그리기만 하면 세상에 하나뿐인 나만의 개성 있는 소품이 완성된다.

재료 윈도우 펜, 우드 마커, 섬유용 펜, 도자기용 마커,
악센트 페인트 등 다양한 데코 펜

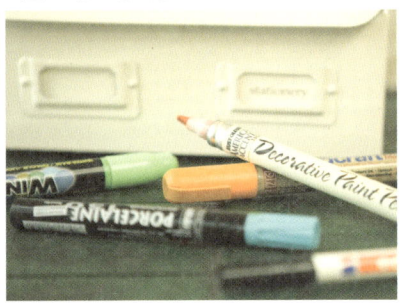

윈도우 펜 화이트 컬러뿐 아니
라 여러 가지 컬러가 다양하다.
수성이라 물이나 휴지로도 잘
지워지는 것이 장점. 문구점에
서 개당 1천5백원선으로 판매
하며, 윈도우용 색연필도 있다.

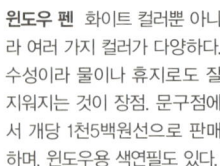

도자기용 마커 펜 도자기나 머그컵에 원하는 그림을 그린 뒤 전자레인지나 오븐에 굽는다. 펜 타입이라 핸드페인팅 물감보다 사용이 편리한 것이 장점. 조이페인트(www.joypaint.co.kr)에서 판매하는 미국 RUST-OLEUM 사의 데코레이티브 페인트 펜이 추천할 만하며, 개당 9백원선이다.

섬유용 펜 원단에 그림을 그릴 수 있는 펜으로 가방이나 면 티셔츠, 커튼, 쿠션 등에 그림이나 글씨를 쓴 뒤 다리미로 다린다. 일반 문구점에서 구입 가능하고, 12개 한 세트에 5천원선이다.

우드 마커 나무 가구에 그림을 그리거나 나무판에 타이포그래피 등을 그려 장식하기에 좋다. 철천지(www.77g.com)에서 판매하는 일본 Woodcraft 사의 우드 마커가 사용하기에 좋으며, 개당 3천6백원선이다.

와이어를 활용한 액자 디스플레이

갤러리에서 흔히 볼 수 있는 와이어 액자 레일을 활용하면 벽에 못을 박지 않고도 액자를 걸 수 있다.
길이를 서로 다르게 내려 언밸런스한 느낌을 주거나
액자 쪽에 조명을 비추면 카페처럼 근사한 분위기가 연출된다.

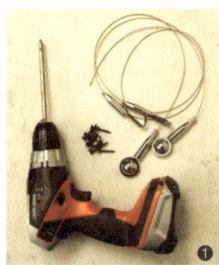

❶ ❷ **재료** 캘러리와이어, 갤러리 와이어 고정 고리(벽체형), 와이어 고리, 피스, 전동드릴

❸ 갤러리 와이어 고정 고리 안쪽의 다보를 빼낸 뒤 피스로 벽면에 고정한다.

❹ 고정한 다보에 갤러리 와이어 고정 고리를 돌려 끼운다. ❺ 와이어 중간에 와이어 고리를 달아 길이를 조절한다. ❻ 고리에 액자를 걸고 수평을 맞춘다.

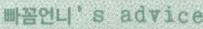

스펀지 활용한 스툴 만들기

고탄성 스펀지를 활용하면 적은 돈으로도 개성 있는 스툴을 만들 수 있다.
패브릭이나 가죽 소재 등으로 커버링하고,
분위기에 따라 커버만 바꾸면 쉽게 분위기 전환도 가능하다.

❶ **재료** 고탄성 스펀지(40×40×40cm) 1개, 패브릭 1½마, 실, 바늘, 가위, 줄자

❷❸❹ 줄자로 고탄성 스펀지의 크기를 잰 뒤 각각의 면에 맞게 패브릭을 6장으로 재단한다.

❺ 재단한 패브릭들 중 5장을 정육면체의 한 면을 제외한 나머지의 모양에 맞춰 이어가며 바느질한다. ❻ 바느질한 패브릭 안에 고탄성 스펀지를 넣어 모양을 잡은 뒤 나머지 패브릭으로 빈 부분을 덮고 감칠질이나 공그르기로 마무리한다. 이때 지퍼를 달아 두면 탈부착이 용이하다.

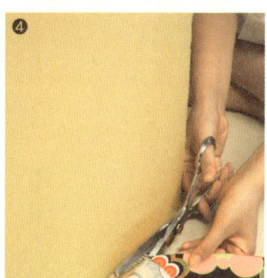

빠꼼언니's advice

스폰지 스툴

스펀지 스툴은 2~3개 만들어서 나란히 두면 소파처럼 사용이 가능한 실용적인 아이템이다. 벽면에 여러 개를 붙여두고 등받이 없는 소파처럼 활용하거나, 공간마다 하나씩 두고 베드벤치나 가벼운 미니 테이블, 의자 등 다용도로 활용해 보자.

무드를 더하는 조명 달기

기본만 지키면 전기나 조명을 다루는 것도 어렵지 않다.
전기를 만지기 전 스위치를 내리고, 피복 전선을 벗겨낸 부위는 합선이 되지 않도록
절연테이프로 꼼꼼하게 감는다.

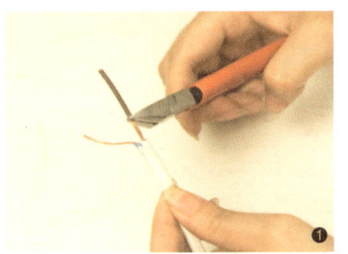

❶ 연결을 원하는 전선 표면의 피복을 벗겨낸 뒤 안쪽 전선도 구리선이 끊이지 않도록 주의하면서 피복을 벗긴다. 다른 전선도 마찬가지로 피복을 벗긴 뒤 구리선이 흐트러지지 않도록 꼬아 놓는다.

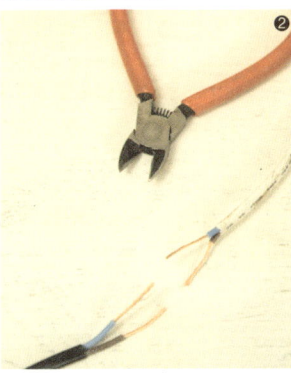

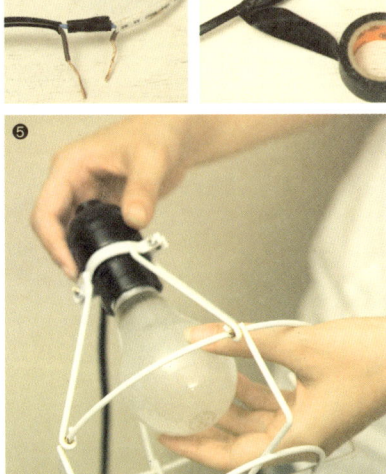

❷❸ 두 개의 전선이 마주보도록 나란히 놓은 뒤 안쪽 피복의 컬러가 같은 것끼리 각각 절연테이프로 감는다. ❹ 절연테이프로 감은 두 개의 전선을 하나로 붙여 다시 절연테이프로 겉면을 감싼다. ❺ 소켓에 전구를 끼운 뒤 원하는 위치에 걸고 콘센트를 꽂아 조명을 켠다.

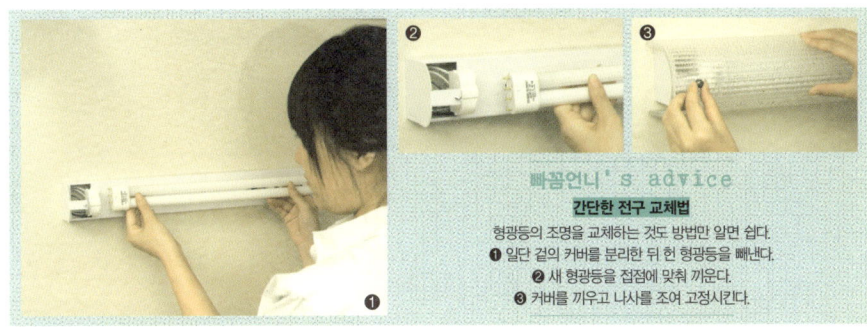

빠꼼언니's advice
간단한 전구 교체법
형광등의 조명을 교체하는 것도 방법만 알면 쉽다.
❶ 일단 겉의 커버를 분리한 뒤 헌 형광등을 빼낸다.
❷ 새 형광등을 접점에 맞춰 끼운다.
❸ 커버를 끼우고 나사를 조여 고정시킨다.

DIY 기술 ⑩ 조립 가구 100배 활용

싱글룸에 어울리는 나무 테이블 조립

책상, 식탁, 작업대 등으로 두루 활용이 가능한 상판이 넓은 나무 테이블. 시판 제품의 만만치 않은 가격에 번번이 구입을 포기했다면 조립 제품을 이용해 보자. 상판의 경우는 목재상에서 구입하고, 다리는 조립 제품을 활용하면 시중의 반 가격으로 나만의 나무 테이블을 소유할 수 있다.

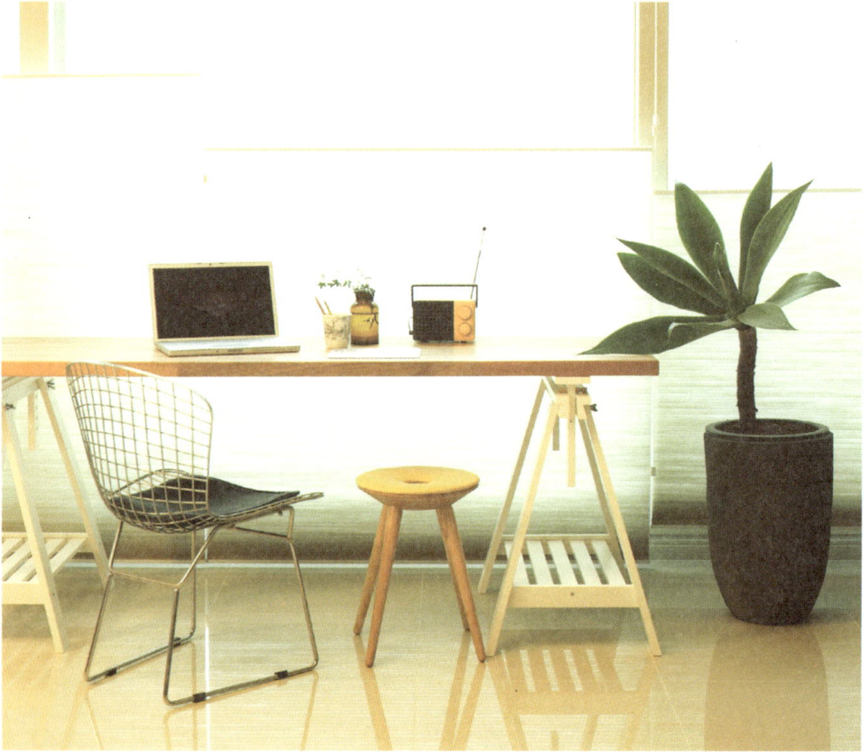

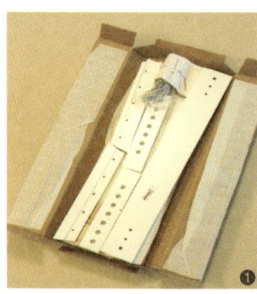

❶ **재료** 이케아의 나무 테이블 다리 (1개당 5만원) 2개

❷ 먼저 상판과 닿는 맨 위부분에 높이 조절용 구멍이 뚫린 나무판을 나사로 고정한다. ❸ ②에 다리의 지지대로 사용되는 양쪽 부분을 높이와 방향을 맞춰 고정한다. ❹❺ 다리 아래 부분을 지지할 빗살 모양 지지대를 만들기 위해 홈이 나 있는 나무판에 각각의 나무판을 끼우고, 다른 홈이 나 있는 나무판으로 반대쪽도 고정한다.

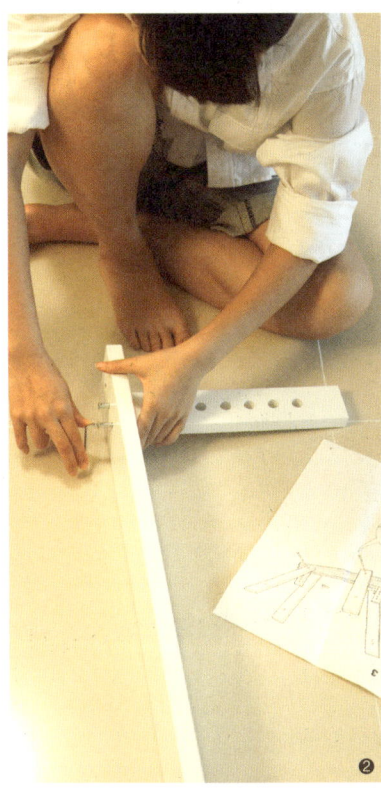

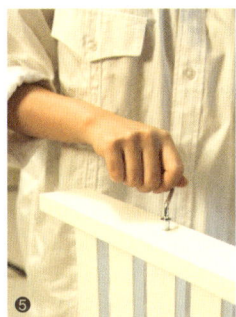

❻ ③에 ⑤을 조립해 끼운 뒤 나사로 고정한다. ❼ 같은 방법으로 하나를 더 만든 뒤 원하는 높이에 맞춰 높낮이를 조절하고, 상판을 올린다.

일러스트로 알아보는
수납의 법칙

know how 2

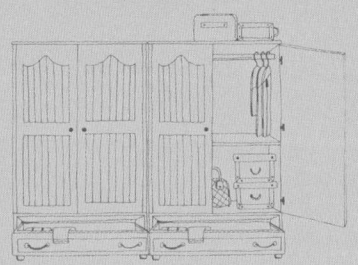

인테리어의 시작은 정리. 그 중에서도 수납을 잘하면 집이
정돈될 뿐 아니라 한결 넓어 보이기까지 한다.
특히 대부분 좁은 원룸 형태의 집에 사는 싱글들에게 있어서
수납은 여러 번 강조해도 지나치지 않을 정도로 중요하다.

clothes chest

계절에 맞춰 옷장 속 옷의 위치를 바꿔야 좁은 옷장을 넓게 활용할 수 있다.
우선 상의와 하의, 소품류 등으로 옷장의 구획을 나누고 매일 입는 속옷류는 작은 서랍형 소가구를 활용한다.
입던 옷을 걸어두는 행거를 마련하거나, 옷장 한쪽을 입던 옷을 걸어두는 곳으로
정하면 옷가지로 방이 어지럽혀질 리는 없다.

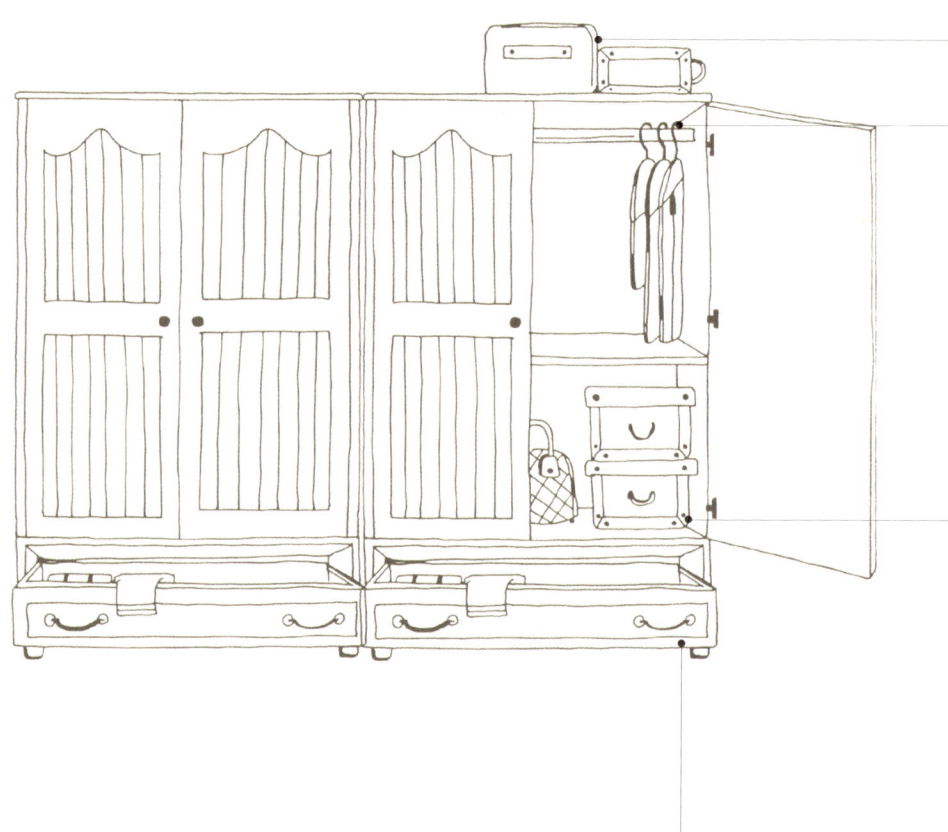

clothes chest

옷장 상부의 공간이 남는다면 철 지난 옷을 수납하는 상자를 얹어 공간 활용도를 높일 것. 종이나 플라스틱 재질로 된 수납 상자는 온라인 쇼핑몰이나 대형마트에서 1만원 내외로 구입 가능하다. 여기에 수영복이나 스키복 등 따로 보관해야 하는 것을 넣어두기에도 안성맞춤.

옷걸이를 한가지로 통일해 한 방향으로 걸어두는 것만으로도 옷장 내부 공간을 훨씬 넓게 사용할 수 있다. 플라스틱이나 모양이 화려한 옷걸이보다는 옷이 흘러내리지 않도록 벨벳으로 싸여 있거나 홈이 있는 옷걸이를 사용하는 것이 좋다.

계절이 지난 스카프나 벨트, 작은 가방 등 자잘한 소품은 옷장을 어지럽히는 주범이다. 이것들을 속이 보이는 투명 플라스틱 상자에 담아 옷장 안에 넣어두면 옷장 속이 깨끗이 정리될 뿐 아니라 쉽게 찾을 수도 있다. 셔츠나 점퍼류 등 길이가 짧은 옷을 걸어 여유가 생긴 하단 공간을 활용할 것.

서랍에 옷을 개어둘 때 흔히들 옷을 아래부터 위로 차곡차곡 쌓는다. 이렇게 하면 아래에 어떤 옷이 있는지 알 수 없을 뿐 아니라 아래 옷을 꺼내려면 윗 옷을 모두 뒤집어야 하는 번거로움도 있다. 이런 일을 방지하려면 옷을 켜켜이 접은 뒤 세로로 세워 한눈에 보이도록 수납하는 것이 요령.

desk & bookcase

책상이나 책장 주변에는 언제나 자잘한 용품들이 늘어진다.
이곳을 깨끗하게 정리하려면 자잘한 물건을 적재적소에 배치하는 습관을 길러야 한다.
수납을 도와주는 작은 용품들을 활용해 정리의 기본 기술을 익히는 것이 해결책이다.

책은 들쭉날쭉하지 않게 키를 맞추거나 컬러를 맞춰 나란히 꽂는다. 빽빽하게 꽂으면 사용이 불편하므로 손가락 한 마디 정도의 여유를 두는 것이 요령이다. 책장의 폭이 넓다면 뒤에는 자주 읽지 않는 책을, 앞에는 키가 작은 책을 꽂는다.

자주 읽는 책은 손쉽게 꺼낼 수 있는 위치에 여유 있게 꽂는다. 이때 남는 공간에는 작은 화분이나 스탠딩 액자, 미니 시계 등 아기자기한 소품을 놓아 장식할 것. 책을 세로로 꽂아야 한다는 편견을 버리고, 책 사이즈에 맞춰 가로로 배치하는 것도 재미있다.

팸플릿이나 브로슈어, A4용지 등의 서류는 파일에 정리할 것. 종이가 따로 돌아다니면서 어질러지지 않고, 파일 등에 이름을 써 두면 찾기에도 쉽다.

책장 주변을 지저분하게 만드는 자잘한 생활용품은 한데 모아 바구니에 정리한다. 작은 바구니에 종류별로 나눠 담아 서랍 속에 넣어두거나 커다란 바구니에 한데 담아 발밑에 두는 것이 요령.

책상 상부에는 메모보드를 두고 필요한 것들을 메모해 붙여 두는 습관을 기르자. 메모보드로는 칠판, 화이트보드, 타공판, 철판, 접착식 보드 등 다양한 시판 제품이 있다. 직접 메모를 쓰거나, 자석을 활용하는 등 자신의 작업 스타일에 맞는 것으로 고른다.

연필이나 볼펜, 색연필 등의 필기류는 종류별로 꽂는다. 이때 이 나간 머그컵이나 커피전문점의 일회용 플라스틱컵 등을 활용하는 것도 멋스럽다.

desk & bookcase

kitchen sink

주방은 지저분하게 방치하면 보기 싫을 뿐 아니라 비위생적이고 나쁜 냄새의 온상이 된다.
혼자 살면 자주 사용하지 않아 방치되는 경우가 많으므로
사용한 즉시 배수구에 물기가 없도록 깔끔하게 정리한다.

k i t h e n   s i n k

조리대 주변은 음식물이 흘렀을 때 바로 닦는다.
살림에 익숙하지 않는 싱글들은 세제가 묻어 있
는 티슈 타입의 일회용 제품을 활용하는 것이 편
리하다.

씻은 그릇을 개수대에 엎어두는 것은 위생상 옳지 않다. 설거지를 하자마자 마른 수건으로 닦아 그릇장에 보관한다. 자주 사용하는 그릇은 싱크대 상단에 보관하는 것이 동선상에도 풍수상에도 좋다.

싱크대 후드는 보이는 외관 청소보다 필터를 주기적으로 갈아주는 것이 더 중요하다. 공기가 빠져나가는 후드 쪽 기름때가 낀 망은 중성세제로 세척하고 내부 필터는 대형마트에서 구입해 자주 갈아준다. 스펀지 또는 펠트 타입의 필터를 구입해 크기에 맞춰 잘라 사용하면 된다.

자주 사용하는 접시나 컵은 컬러풀하거나 디자인이 독특한 것을 구입해 수납 랙에 에지 있게 걸어둔다. 매번 그릇장에서 꺼내야 하는 번거로움을 덜어줄 뿐 아니라 디스플레이 효과도 볼 수 있다.

싱크대 하단 부분에는 큰 솥이나 프라이팬을 넣어두는 것이 원칙이다. 하지만, 싱글의 경우 큰 냄비를 사용하는 일이 거의 없으므로 다른 수납 용도로 활용해도 좋다. 청소용품이나 책 등 자신이 넣고 싶은 것을 수납해 공간을 활용하는 것도 좋은 아이디어.

수납 법칙 ❹ 습도 조절이 관건
bathroom

혼자 살면 집에 사람이 없는 경우가 많아 욕실 환기가 되지 않는다.
욕실의 축축하고 습한 기운을 없애려면 외출할 때 욕실 문을 열어두고,
욕실 바닥에 물이 튀지 않도록 샤워 커튼을 활용한다.

욕실 수건은 밝은 톤으로 사용하는 것이 위생적
이다. 이때, 한 가지 톤으로 통일하면 훨씬 정돈
돼 보이는 효과가 있다. 수건은 잘 말린 뒤 습기
가 없는 곳에 보관한다.

헤어나 보디용품은 라벨과 디자인이 다
양해 지저분해 보인다. 이런 용품들은 외
부에서 보이지 않도록 수납장 속에 감추
고 욕실 분위기에 맞는 용기에 제품을 덜
어 사용한다.

샤워 후 입던 옷을 세탁기
로 갖다 놓는 것이 번거롭
다면 욕실에 세탁 바구니를
비치하는 것도 좋은 방법.
습기가 없는 변기 옆이나 욕
실 문 바깥에 둔다.

변기 주변은 눈에 보이지 않는 세균의 온
상이다. 변기 뚜껑은 반드시 덮어두고,
청량감을 주는 식물로 분위기를 전환하
자. 물에 강한 수생식인 아디언 텀, 싱고
니움, 스킨답서스 등을 추천할 만하다.

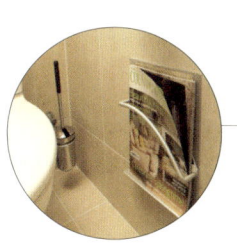

잡지나 기타 청소용품은 늘어두지 말고, 잡지 랙이나 청소 솔 보관함 등을 마련해 정해진 자리에 보관한다.

b a t h r o o m

I'm the leaf that quivers,
You, the unshaken

실용적인 쇼핑의 기술

know how 3

싱글들이 사는 집은 좁은 원룸인 경우가 대부분이다.
이 좁은 공간을 효율적으로 꾸미려면 멀티 기능을 하면서도
실용적이고 스타일리시한 소품을 구입하는 것이 관건.
하나를 사도 제대로 된 아이템을 구입하는 쇼핑 노하우.

모마온라인스토어
www.momaonlinestore.co.kr

현대카드 프리비아(PRIVIA)에서 뉴욕현대미술관(MoMA, 이하 모마)과 독점 제휴를 맺고 1천여 점 이상의 독특한 디자인 제품을 선보이고 있다. 리빙소품 · 주방용품 · 데스크용품 · 퍼스널 액세서리 · 키즈용품 등 전 세계 모던 디자이너들이 선보이는 이색적이고 유니크한 소품을 카테고리별로 한 눈에 확인할 수 있다.

왼쪽부터 현대적으로 디자인된 무형태의 꽃병. 무연의 크리스털을 입으로 불어 형태를 만들고 손으로 광택을 냈다. 알바 알토의 작품으로 **38만원.** 꽃병의 프레임만 존재하며, 이 안에 꽃을 꽂는다는 사실이 흥미로운 화병. **6만원.** 두 가지의 식물 재배가 가능한 화분으로, 식물을 바로 손질할 수 있도록 가위가 함께 들어 있다. **9만5천원.**

왼쪽부터 장미의 우아한 모습을 가장자리의 깎은 면으로 형상화시킨 미니멀한 디자인의 벽시계. **16만5천원.** 책을 펼치는 듯한 단순함에서 영감을 받아 디자인된 램프. 쉽게 찢어지지 않는 타이백 재질로 내구성이 좋다. **18만5천원.**

dodot
www.dodot.co.kr

미니멀하고 모던한 스타일의 가구와 소품을 판매하는 곳. 합리적인 가격으로 싱글족을 위한 침대 · 책상 · 책장 · 테이블 · 소파 등을 판매한다. 소비자가 직접 조립하는 가구로, 모든 목재는 친환경 소재를 사용하고, 마감 처리도 튼튼하다. 조립이 힘든 경우 조립 신청도 가능하다.

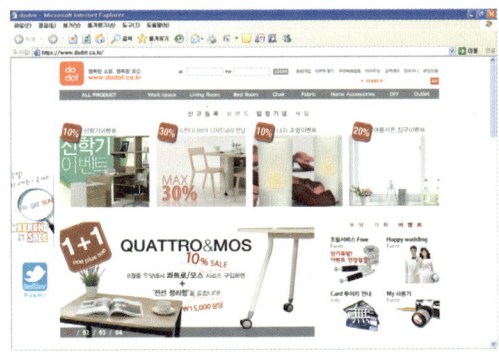

왼쪽부터 상판에 다리를 직접 붙이는 구조가 아닌, 4개의 다리가 동시에 하중을 견딜 수 있는 프레임 방식을 채택해 견고하다. **16만8천원.** 개인적 성향과 공간 배치를 고려한 모듈 방식의 수납장. **11만2천원.** 문이 달려 있어 감추는 수납이 가능한 미니멀한 디자인의 수납장. **18만6천원.** 직선형 다리 타입으로 조립이 쉽고, 사이즈가 다양한 테이블. 상판과 다리 컬러를 취향과 공간에 맞게 선택할 수 있다. **10만9천원.**

실용적인 쇼핑의 기술

한샘
www.hanssem.com

시스템 키친으로 유명한 곳이지만 사업을 확장해 일반 가구와 기기 · 소품 · 패브릭 · 조명을 모두 취급하는 토털 인테리어 브랜드가 됐다. 다양한 상품 개발을 비롯해 신소재 연구와 신 주거 개념 제안 등의 노력을 기울이는 곳으로 유명하다. 디자인은 무난하고 대중적이면서, 제품수도 다양하고, 가격대도 폭 넓어 선택이 자유롭다.

왼쪽부터 2단으로 구성해 수납력을 증대시킨 거실장. **51만원.** 미니멀한 디자인이 돋보이는 거실장. 오픈 서랍 형태로 좁은 원룸에도 잘 어울린다. **31만3천원.** 옷을 거는 봉과 칸막이가 구분돼 있어 옷과 소품을 효율적으로 정리할 수 있는 수납장. **21만원.** 5단으로 견고하게 짜인 책장으로 좁은 원룸의 수납 문제를 해결해준다. **16만8천원.**

스토리샵
www.storyshop.kr

생활을 디자인하는 자연주의 감성 쇼핑몰. 출판사인 '디자인 하우스'의 자회사로 가구 · 인테리어 소품 · 패브릭 및 패션 소품 · 식품 브랜드 등이 모여 있는 온라인 멀티 셀렉트 숍이다. 연령대에 관계 없이 다양한 소품이나 디자인 제품을 구입할 수 있다.

왼쪽부터 책상이나 테이블 위에 올려두고 화분, 책 등을 수납하기에 좋은 책꽂이. **4만5천원.** 내추럴한 나뭇결을 그대로 살린 책상. 간결하고 심플한 디자인으로 어느 공간에나 잘 어울린다. **23만원.** 구조적인 형태의 수납 가구. 물건을 수납하는 용도뿐 아니라 데코 아이템으로도 활용할 수 있다. **8만9천5백원.** 위아래는 오픈돼 있고 중간 부분에만 문이 달린 형태의 수납장. 감추는 수납과 드러내는 수납 두 가지를 할 수 있는 아이템이다. **21만6천원.**

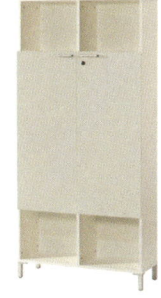

마이홈스타일리스트
www.myhomestylist.com

'내 마음대로, 내 감각대로, 내 스타일대로'라는 모토 아래 싱글룸이나 신혼집에 어울릴 만한 패브릭 제품과 소품을 판매한다. 단색 무지 원단으로 만들어진 침구와 커튼 등 심플하면서도 비비드한 컬러 감각으로 감성을 충전할 수 있는 홈 스타일링을 제안한다.

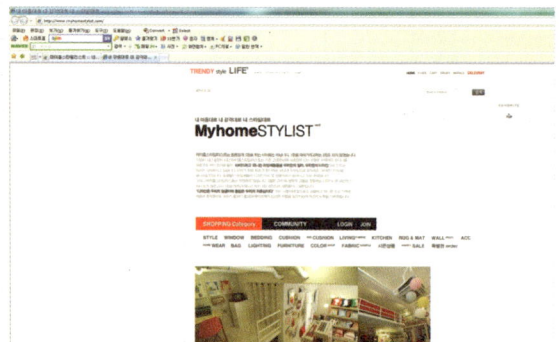

왼쪽부터 동글동글하게 말린 패턴이 유머러스함을 강조한 오렌지 빅 똥글이 매트. **3만8천원.** 원형 모티프가 연결된 기하학적인 패턴이 돋보이는 아트 bk 커브링 침구. **11만5천원.** 극세사 소재로 창문 틈으로 새어 들어오는 바람을 효과적으로 차단하는 내추럴 소프트 커튼. **3만6천원.** 비비드한 컬러의 매치가 상큼발랄한 분위기를 연출하는 오버더레인보우 베딩. **12만3천원.**

까사미아
http://www.casamia.co.kr/

모던과 내추럴함을 컨셉트로 가구와 침구, 소품 등을 선보이는 토털 인테리어 브랜드. 인테리어 컨설팅 서비스도 제공하고 있으며, 컨설팅을 받는 고객에게는 가구 할인 등의 혜택이 있다. 가구와 침장, 소품의 코디네이션도 조언해 주므로 스타일링에 소질이 없는 사람들은 한번쯤 상담을 받아볼 만하다.

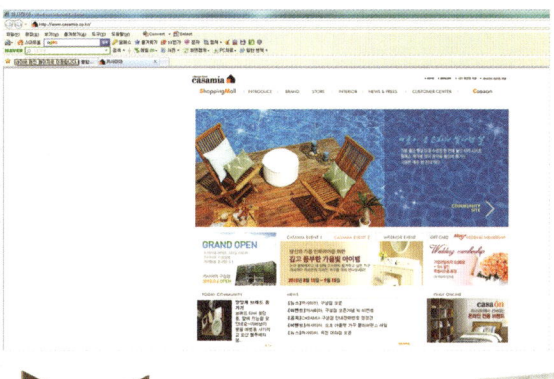

왼쪽부터 옷을 걸 수 있는 봉과 서랍, 수납 선반 등으로 내부가 짜임새 있게 구성된 뉴큐브 옷장. **66만5천원**. 매트리스 하단에 서랍과 수납함이 마련돼 있어 싱글하우스의 부족한 수납을 해결하는 범블비 침대. **53만원**. 책장과 책상이 일체형으로 구성돼 있는 책상세트. 화이트 컬러라 좁은 집에 잘 어울리는 뉴큐브 책상 **54만원**. 미니멀한 디자인과 은은한 나뭇결이 돋보이는 트래비스 책상. **52만원**. 하단에 바퀴가 달려 이동이 간편한 책장. 가로 형태로 위쪽에 다른 수납 상자를 올리거나, 소품을 수납하기에도 적당한 뉴큐브 가로책장. **30만원대**.

2001아울렛
www.2001outlet.com

패션 · 잡화 · 생활용품을 판매하는 모던하우스와 식품관인 파머스렛으로 나뉜다. 인테리어 소품 및 생활용품 전문점으로 합리적인 가격으로 다양한 상품을 선보인다. 오프라인 매장도 40여 개나 있는 대형 쇼핑몰이다.

왼쪽부터 세탁물이나 가방, 욕실용품 등을 담아두기에 적당한 라탄 소재의 다용도 바구니. **2만9천9백원.** 구멍이 송송 뚫려 있어 세탁물을 넣어둬도 퀴퀴한 냄새가 나지 않는 빨래바구니. **9천9백원.** 국자와 뒤집개 등 꼭 필요한 조리도구 6가지를 한데 모아 실용적이다. **2만9천9백원.** 서류들을 깨끗하게 보관할 수 있는 우드파일박스와 자잘한 소품을 정리하기에 적당한 2단 정리함. **각 1만9천9백원, 3만 9천9백원.**

인디테일
www.indetail.co.kr

미니멀한 디자인의 가구는 물론 세계 유명 브랜드의 가구와 인테리어 소품을 만날 수 있는 곳. 모던하고 심플한 디자인의 가구와 소품을 찾는다면 들러볼 만하다. 특히 다양한 소재로 선보이는 주문 가구는 이곳만의 장점이다.

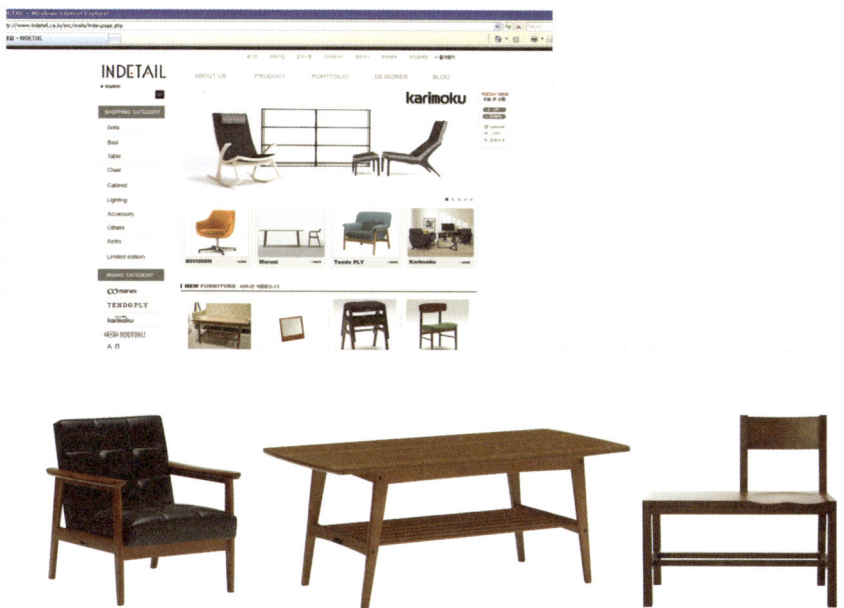

왼쪽부터 앤티크한 색감과 버튼 홀 장식이 돋보이는 1인용 체어. **69만3천원**. 심플하면서도 모던한 디자인이 돋보이는 벤치. 쿠션을 올려 소파 대용으로 사용하거나 TV대 혹은 화분을 올려놓는 선반으로 사용하기에도 적당하다. **80만원**. 의자 겸 벤치로 사용할 수 있는 유니크한 디자인의 체어. **57만원**. 세 개의 스툴을 하나로 합쳐놓은 형태로, 오브제로 사용해도 손색이 없다. **21만원**.

실용적인 쇼핑의 기술

싱글룸에서 더욱 빛나는 아이디어 제품 쇼핑몰 리스트

침대, 소파 및 소가구

매시티지데코 www.mastideco.co.kr

인도네시아에서 수입한 합리적인 저가형 레트로 가구를 판매하는 곳. 자사 쇼핑몰 외에도 1300K · 텐바이텐 · 코즈니 등에서 구입할 수 있다.

레뮤 www.lesmieux.com

만만치 않은 가격의 스칸디나비안풍 스타일의 가구를 판매하는 사이트. 가구 디자인을 전공한 오너 덕분에 가격 대비 세련된 디자인의 가구를 구입할 수 있다.

퍼니그람 www.furnigram.com

창의적인 디자인 가구나 시스템 가구를 원한다면 이곳을 방문해 보자. 디자인 맞춤 가구를 제작하는 곳으로 싱글남들이 좋아할 만한 가구들이 다양하다.

PLY www.ply.co.kr

mmmg · 페이퍼가든 등의 인테리어를 진행한 라이프스타일 1010이 만든 가구 브랜드. 일본의 트럭 퍼니처 스타일을 좋아하는 사람들에게 추천할 만하다.

패브릭

원룸데코 www.oneroomdeco.com

Sia · 조셉조셉 · 마리메코 · 제인처칠 · 루이앤모엣 등의 브랜드와 연계해 침장과 쿠션 등의 패브릭 소품을 판매한다. 플라워 · 도트 · 체크 등 귀엽고 로맨틱한 프린트의 원단과 수입 벽지도 만날 수 있다.

코코로박스 www.cocorobox.com

내추럴한 인테리어 소품과 캐주얼한 패브릭을 판매하는 곳. 싱글 및 신혼을 위한 패브릭이나 리빙 소품을 원한다면 방문해 보자.

폴리엠 www.poly-m.co.kr

모던 라이프스타일을 제안하는 생활용품 전문 브랜드. 심플&베이식을 컨셉트로 질 좋은 패브릭 소품과 생활용품을 합리적인 가격으로 공급한다.

오프타임 www.offtime.co.kr

커튼과 베딩을 중심으로 한 인테리어 소품을 판매하는 곳. 커튼은 단순한 무늬의 화이트&블랙을 기본으로 레드 · 골드 컬러 제품이 주를 이루고, 베딩은 편안한 스타일의 제품을 소개한다.

know how 3
실용적인 쇼핑의 기술

싱글룸에서 더욱 빛나는 아이디어 제품 쇼핑몰 리스트

데코 소품

티오도 www.t-odo.com

캐릭터 리빙 디자인 쇼핑몰. 디자인과 컬러가 돋보이는 주방용품 · 침구세트 · 가방 등을 판매하는 멀티숍으로 리빙 문화 공간을 겸하고 있다.

코즈니 www.kosney.co.kr

싱글 및 대학생들이 주로 찾는 곳. 침구 · 쿠션 · 패브릭 소품 · 조화 · 생활 소품 · 조명 · 욕실용품 · 주방용품 · 문구 등 다양한 인테리어 소품과 디자인 제품을 만날 수 있다.

아디팟 www.idepot.co.kr

키덜트족이나 싱글들에게 추천하는 사이트. 소형 가전과 위트 넘치는 인테리어 소품 등 아이디어 소품이 가득하다.

필론 pylones.godo.co.kr

컬러풀하고 창의적인 디자인 소품과 대중적인 디자인의 문구를 구입할 수 있는 곳. 저렴한 가격에 다양한 제품을 선보이고 있어 선물을 구입하기에도 적당하다.

에이모노 www.amono.co.kr

빈티지 스타일의 인테리어 아이템이 많은 곳. 에이모노 디자인에서 운영하는 온라인 쇼핑몰로 가구 · 패브릭 · 주방 소품 등을 판매한다.

렉슨 www.lexonstore.com

남성들이 좋아할 만한 디자인 소품이 많은 브랜드 몰. 미니멀한 디자인과 무채색이 돋보이는 데스크 소품과 리빙용 품 등을 구비하고 있다.

know how 3

실용적인 쇼핑의 기술
9
싱글룸에서 더욱 빛나는 아이디어 제품 쇼핑몰 리스트

문구류

텐바이텐 www.10x10.co.kr
디자인 문구부터 오피스용품 · 키덜트 소품 · 가구 · 수납용품 · 조명 · 패브릭 · 주방용품 · 욕실용품 · 의류 · 가방 · 슈즈 · 주얼리 · 뷰티용품까지 없는 게 없는 쇼핑몰.

유아쏘 www.youareso.co.kr
문구류, 특히 스크랩북을 만들 수 있는 DIY 소품을 판매한다. 에지 커팅기와 다양한 스티커 등이 추천 아이템.

mmmg www.mmmg.net
오픈한 지 10년이 넘은 문구 브랜드. 대형서점에 입점해 있어 오프라인에서도 쉽게 만날 수 있고, 안국동에 브랜드 카페도 운영하고 있다.

스프링컬레인폴 www.o-check.net
단정하고 정갈한 디자인이 돋보이는 빈티지한 감성의 디자인 소품을 판매하는 곳. 문구류 · 다이어리 · 테이프 · 잉크패드 · 플래너 등의 소품을 만날 수 있다.

북바인더스디자인 www.bookbindersdesign.co.kr
스웨덴 문구 브랜드로, 비비드하고 다양한 컬러의 노트나 수첩을 구입하고 싶다면 이곳을 추천한다. 일반 문구에 비해 저렴하지는 않지만, 세련된 디자인과 품질로 소비자들을 유혹하고 있다.

테이블웨어

프렌치불 www.frenchbull.co.kr
토털 인테리어 브랜드로 거듭나고 있는 숍. 현란하고 아름다운 패턴의 제품을 판매하는 곳으로 화려한 아이템을 좋아하는 사람에게 추천한다.

더 리빙 팩토리 www.thelivingfactory.com
색색의 플라스틱 테이블웨어를 만나볼 수 있는 곳. 시리즈 별로 다양한 디자인을 선보이고 있으며, 레트로 스타일의 주방 소품도 판매하고 있다.

마마스자카 www.mamaszakka.com
앤티크한 소품과 내추럴한 테이블웨어, 포장 부자재 등 갖고 싶거나 선물로 주고 싶은 디자인 소품을 판매한다.

실용적인 쇼핑의 기술
⑨

싱글룸에서 더욱 빛나는 아이디어 제품 쇼핑몰 리스트

DIY

네스홈 www.nesshome.com

패브릭 소품 외에 다양한 특수 원단과 DIY 키트를 살 수 있는 곳으로, 리넨 관련 제품은 가장 많이 보유하고 있다고 정평이 나 있다.

손잡이닷컴 www.sonjabee.com

DIY에 필요한 철물과 패브릭 · 벽지 · 타일 · 목재 등은 물론 가구 완제품 및 반 제품을 판매하고 있다.

철천지 www.77g.com

가구를 만들 때 사용되는 각종 철재와 목재를 파는 곳이다. 주문에 따라 목재를 절단해 주고, 재료 외에 각종 공구 부자재도 판매하고 있다.

더 디아이와이 www.thediy.co.kr

완제품과 다양한 반제품 가구를 판매하는 곳. 가구 · 철물 · 페인트 등의 재료를 판매하면서 강좌도 개설하고 있어 가구 제작을 배우고 싶은 사람들에게 유용한 사이트다.

포터스 홈데코 portershomedeco.com

포터스의 밀크 페인트 외에 터브만스와 브리스톨의 친환경 페인트를 만나볼 수 있다. 포크아트와 초크아트 재료와 부자재도 판매하며, 철부식 · 동부식 페인트를 파는 곳으로도 유명하다.

작은 빈티지 소품을 구입하기 좋은 사이트

쉽게 볼 수 없는 빈티지 제품 하나쯤은 갖고 싶은 것이 모든 싱글들의 욕망. 어디서 구입했는지 궁금하기만 한 빈티지 의자 · 테이블 · 타자기 · 카메라 등을 판매하는 사이트를 소개한다.

호사컴퍼니 www.hosaonline.com	**아이디피** www.idipi.co.kr
엣코너 www.at-corner.com	**아리플리마켓** www.arifleamarket.com
키스 마이 하우스 www.kissmyhaus.com	**비요리** www.biyori.co.kr
리얼심플 www.realsimple.co.kr	**호메오** www.homeo.kr
5층 아파트 www.5apt.net	**열대우림** www.tropicalrain.co.kr
베란다 www.veranda.comlr	**스윗예스터데이** www.sweetyes.com